木材微波预处理特性研究

罗勇锋　李贤军　贺　霞　著

中国环境出版集团・北京

图书在版编目（CIP）数据

木材微波预处理特性研究/罗勇锋，李贤军，贺霞著. —北京：中国环境出版集团，2020.3
ISBN 978-7-5111-4310-5

Ⅰ. ①木… Ⅱ. ①罗…②李…③贺… Ⅲ. ①微波技术—应用—木材干燥—研究 Ⅳ. ①S782.31

中国版本图书馆 CIP 数据核字（2020）第 026668 号

出版人　武德凯
责任编辑　周　煜
责任校对　任　丽
封面设计　彭　杉

出版发行　中国环境出版集团
（100062　北京市东城区广渠门内大街 16 号）
网　　址：http://www.cesp.com.cn
电子邮箱：bjgl@cesp.com.cn
联系电话：010-67112765（编辑管理部）
010-67138929（第六分社）
发行热线：010-67125803，010-67113405（传真）
印　　刷　北京中献拓方科技发展有限公司
经　　销　各地新华书店
版　　次　2020 年 3 月第 1 版
印　　次　2020 年 3 月第 1 次印刷
开　　本　787×1092　1/16
印　　张　7.75
字　　数　150 千字
定　　价　35.00 元

目 录

第一章　木材介电特性

1.1 引言

木材的交流电性质主要是指木材在各种频率的交流电场作用下呈现的各种特性，主要包括木材的介电参数（介电常数、损耗角正切、介质损耗因数等）和交流电阻率（或电导率）的变化规律及影响因素。

在木材工业中，用于高频电加热的频率通常在1～10 MHz的范围，用于微波加热的频率为915 MHz或2.45 GHz，在射频条件下木材会表现出介电性。所谓介电性，是物质受到电场作用时，构成物质的带电粒子只能产生微观上的位移而不能进行宏观上的迁移的性质。表现出介电性的物质称为介电体。按照木材加热方式的不同，我们可以把木材的加热分为两类：一类是常规干燥方法加热木材，该方法是通过传导、对流、辐射的传热方式加热固体周围的环境或固体表面，使固体的表面得到热量，然后再通过热传导的方式将热量传到固体内部。其加热介质可以是热空气、炉气、过热蒸汽，也可以是远红外线辐射等。这种加热方式效率低，加热时间长；另一类加热方法是微波加热，木材微波干燥是把湿木料作为一种电介质置于微波交变电磁场中，在频繁交变的电磁场作用下，木材中的极性水分子迅速旋转、相互摩擦、产生热量，从而加热和干燥木材。其具体的发热机理大致有3种（李贤军，2003）：（1）木材内的自由离子和束缚离子在微波电磁场的作用下迅速移动，引起离子导电损耗，从而产生热量；（2）木材物质非结晶区域存在许多羟基等极性偶极子基团，其在交变电磁场作用下能够发生频繁取向运动而引起介质损耗，产生热量（赵广杰，1991）；（3）木材中的极化水分子随着高频交变电磁场方向的变化而迅速旋转、相互摩擦、产生热量，使水分子本身发热，再将热量传给木材。由于木材中水的相对介电常数和损耗系数最大，在微波场作用下发热量最多，所以在干燥时，一般认为是木材中的极化水分子发生频繁的取向运动而产生热量，从而实现对木材的加热和干燥（图1.1）。

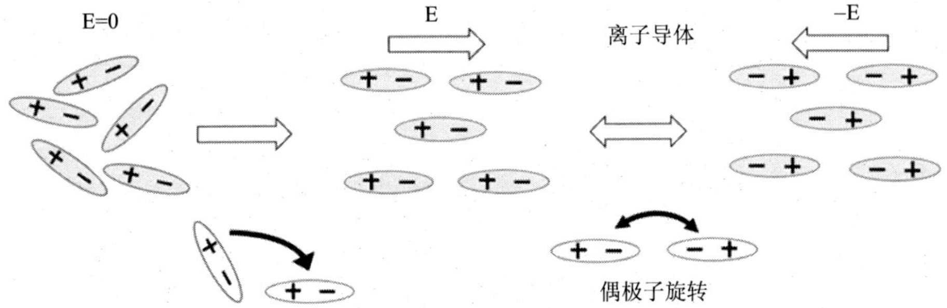

图 1.1 微波加热木材机制

1.2 木材介电特性影响因素

木材的介电参数主要由相对介电常数和介电损耗因子组成：

$$\varepsilon = \varepsilon' - i\varepsilon'' \tag{1.1}$$

式中，ε' 为介电参数的实部，即相对介电常数，反映介质被微波极化的能力，或者说是物质阻止微波穿透的能力；ε'' 为介电参数的虚部，即介电损耗因子，反映微波在介质中的能量转化率。木材微波的热效应主要与木材本身在特定频率和温度下将电磁能转化为热能的能力有关，该性质可以用木材的介质损耗角正切 $\tan\delta$ 来衡量：

$$\tan\delta = \varepsilon'' / \varepsilon' \tag{1.2}$$

一般来说，木材的相对介电常数 ε' 越大，对微波的耦合作用越强，热效应越明显（马双忱，2011）。木材是各向异性的，其不同部位的密度、含水率都会不一样，进而会导致木材不同部位介电特性的差异。影响木材介电参数的因素主要有木材的密度、木材纹理方向、温度、微波频率和木材含水率等因素（Hollertz，2013；Holmes，2013；Kol，2009；Sugiyama，2003）。

1.2.1 纹理结构对介电特性的影响

Torgovnikov G.（Torgovnikov，1993）细致地研究了木材及木基材料的介电性能与木材的纹理结构、木材的组分和成分、含水率、温度、微波频率之间的关系，并且理论推导了木材介电特性与各种影响因素之间的关系式。木材纹理结构可分为纵向、径向和弦向，因为细胞排列的各向异性及具有不同的微孔结构，会对木材的介电特性产生影响。一般认为，木材纵向细胞的自由度会比横向细胞的自由度高，容易被微波极化，所以木材纵向介电常数总是大于横向介电常数（Daian，2005；Forrer，1998）。这是因为细胞壁分子结构存在差异，细胞纤维素的轴向与纤维的生长方向一致，且沿纵向纹理的羟基比横向纹理上的羟基自由度更大，所以木材纵向的自由度更高，介电性能也更好。王喜明和李坚等通过实验测量发现杨木纵向纹理的介电常数比横向的要大 30%～60%（Ramasamy，2009；李坚，2014；阮锡根，2005）。木材径向、弦向的介电特性也存在差异，但差异性不大，Kröner（Kröner，1952）认为弦向、径向的差异并非来自木材微观结构的差异性，而是由于细胞壁的排列方向不同引起的。李先泽通过对多种木材的介电特性分析，也得出了相同的结果。木材纵向的介电常数比横向的要大，但径向和弦向的差异可忽略不计。白同仁（白同仁，1987）对马尾松的纵向、弦向和径向的介电常数进行了测试，也发现纵向介电特性优于径向与弦向的介电特性，且径向与弦向的介电特性相差不大。季亚春（季亚春，1997）对我国东北的落叶松、红松和白松的不同纹理方向的介电常数进行了测量，得出介电常数会随着纹理方向的不同而不同，这是由于木材的纤维方向和细胞壁排列的整齐度不一样，导致不同纹理方向上水分子的吸附情况不一样。Norimoto（Norimoto，1976a）则研究发现木材不同纹理方向其介电常数不一样，是由于木材构造中的微观细胞排列情况、细胞组分、微纤丝角、生长轮弯曲、早材和晚材等因素造成的。

1.2.2 密度和温度对介电特性的影响

木材的密度越大，其构成细胞壁的高分子物质体积比越大，在电磁场的作用下极化率会增大，所以木材的密度会对木材的介电特性产生影响（王佩，2015）。李先泽（李先泽，1964）通过大量的数据测量，得出所测绝干状态下的木材，其介电常数与密度符合 Clausius-Mosotti 关系。陈森（陈森，1989）则认为密度对所测量泡桐的介电性能影响不大。温度也会影响木材的介电性质，Ishida 等（Ishida，2010；James，1975）探究认为温度的不同会影响电场中分子的极化程度，当温度升高时，木材的介电常数会趋向于高频区域，介电特性会增强。

1.2.3 频率对介电特性的影响

微波的频率对木材介电特性的影响是尤为显著的，许多科研工作者对此进行了探究。Peterson（Peterson，1960）通过实验发现当木材含水率和温度一定时，介电常数随微波频率的增大而减小。1964 年，李先泽（李先泽，1964）测量了泡桐、云杉、白桦在射频下的介电特性，发现在低含水率时，木材的介电损耗角正切随着频率的增高而增大。曹绿菊（曹绿菊，1986b）在 0.06～100 MHz 频率范围内对红松、落叶松和水曲柳木材的介电参数进行了测量，发现木材的介电常数随着频率的增加而逐渐减小。陈森（陈森，1989）研究了泡桐木材在高频电场中的介电性质，发现高频电场的频率变化对泡桐的介质损耗角影响较大，对介电常数影响较小。顾锡爵（顾锡爵，1987）对超高频电场中杉木的介电常数和损耗因素的测量方法进行了介绍，为研究木材介电特性与频率的关系提供了实验操作基础。

1.2.4 含水率对介电特性的影响

影响木材介电特性的因素众多，而水的介电常数可高达 80，远大于木材内部纤维素的介电常数，所以水对木材介电特性的影响大，增加纤维物质中的含水量可有效地增大介电常数。此外，自由水的增加可增大细胞壁和纤维素里极性基团的自由度，也会使介电常数增大。Skaar（Sharma，1997；Skaar，1988；Wang，2015；刁秀明，1993）等人发现，在纤维饱和点以下，介电常数随含水率的增加呈指数形式增大；在纤维饱和点以上，呈线性增大。王佩（王佩，2015b）通过实验探究发现，杨木的介电参数随含水率的增大而增大，当杨木的含水率在 0%～5%时，其介电常数增加的趋势较缓慢。曹金珍（曹金珍，2001）从水分与木材之间的相互作用机理阐释了木材介电特性与含水率之间的关系。James（James，1975）总结了频率、含水率、温度、纹理等各因素对木材介电特性的影响，频率和含水率对木材的介电特性影响大，温度、纹理方向的影响次之，树种、密度对介电特性的影响则更小。

综合以上各种因素对木材介电特性的影响，本书以杨木速生木材为研究对象，探究了木材介电参数与各种因素之间的关联，发现当频率一定时，杨木的含水率和纹理方向对其介电参数的影响是最为显著的。本书设定微波辐射频率为 2.45 GHz，温度为 25℃时，杨木不同纹理方向的相对介电常数和介电损耗因子如图 1.2 所示。由图 1.2 可知，随着含水率的增加，杨木介电常数呈增加趋势，其中纵向的介电常数和损耗因子大于横向介电常数和损耗因子，当含水率高于 60%时，介电特性随着含水率的增加更为明显。这是因为水的介电常数要比杨木内部纤维素的介电常数大，含水率的增加，可以有效增大杨木内部的介电常数和增加杨木内部纤维素分子的自由度，从而提高杨木整体的介电特性。由于木材纤维细胞与树干方向平行，杨木顺纹理方向纤维细胞具有较大自由度，在电场中易于极化，因此木材顺纹理方向介电参数比横向的要大。由图 1.2 可知，当杨木的含水率从 0%增加到 100%时，木材的纵向的相对介电常数从 2.09 增加到 10.63，介电损耗因子从 0.06 增加到 2.82；木材的横向相对介电常数从 0.95 增加到 4.19，介电损耗因子从 0.03 增加到 0.88。

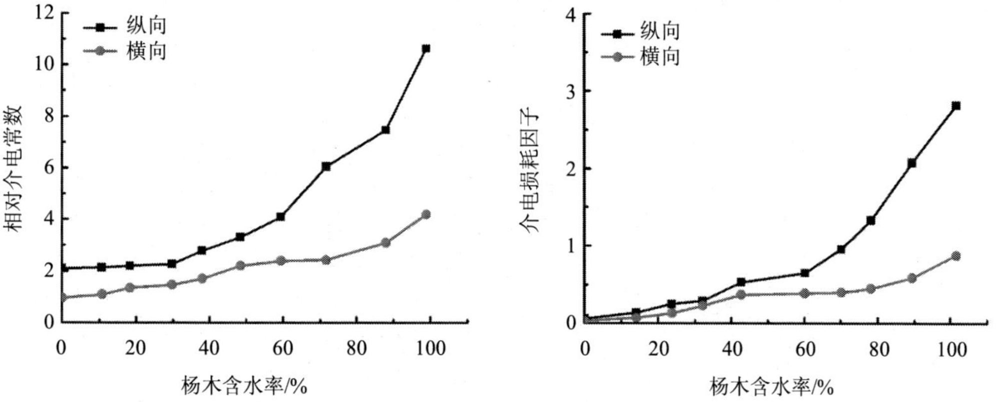

（a）相对介电常数　　（b）介电损耗因子

图 1.2　含水率对杨木介电特性的影响

1.3　杨木介电特性研究

木材介电性能是决定微波能量穿透到木材内部的重要物理参数。木材含水率、温度、纹理方向和微波工作频率都会影响到木材介电特性，为了进一步了解木材的介电特性，我们对杨木的介电性能进行了实验研究，试材为杨木人工林木材，采自湖南益阳。根据测试实验要求将原木加工成横截面为 200 mm×200 mm、长度为 1 m 的木方，放入冰柜中冷藏待用。

介电性能测试设备选用安捷伦网络分析仪（型号：N5244A，北京安捷伦科技中国有限公司）。设备由 Agilent N5244A 矢量网络分析仪、85070 分析软件、Agilent 85070E 高温探头及计算机组成（图 1.3）。探头测量频率范围：0.2～20 GHz，耐温范围：–40～200℃。

选取速生人工林杨木锯材的边材部分并将其加工成尺寸为 50 mm（纵）×50 mm（弦）×50 mm（径）的标准三切面试件（图 1.4），然后将试件分为三组，其中第一组试件放入温度为（60 ± 2）℃的烘箱中，干燥至预设的 9 个含水率水平（10%、20%、30%、40%、50%、60%、70%、80%和 90%），用于研究含水率、频率和纹理方向对木材介电常数及损耗因数的影响规律。第二组和第三组试件先置于温度为（60 ± 2）℃的烘箱中，当含水率低于纤维饱和点后，升高温度至（103 ± 2）℃，将试件干燥至绝干，分别用于研究温度、频率和纹理方向对木材介电常数及损耗因数的影响规律。当测试不同含水率（10%、20%、30%、40%、50%、60%、70%、80%和 90%）的杨木介电常数及损耗因数时，木材试件的测试温度为室温（约 20℃）；当研究温度对木材介电特性的影响时，待测绝干木材试件的温度设定为 20℃、60℃、100℃和 140℃四个水平，木材试件被加热到设定温度并保持 4 小时，使木材内部温度趋于平衡后再用网络分析仪进行测试。同一条件下，每个试验重复 3 次（图 1.5）。

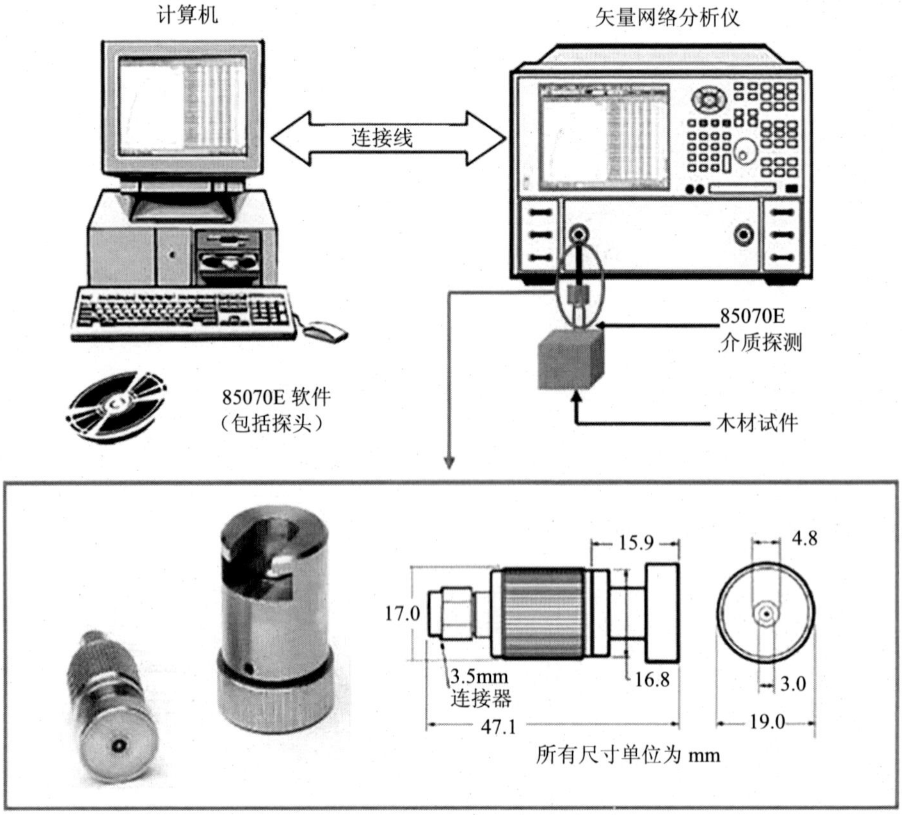

图 1.3 安捷伦 N5244A 网络分析仪

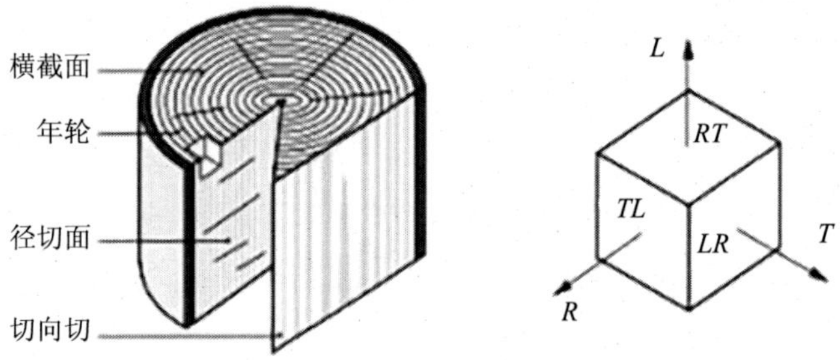

L 为纵向；*T* 为弦向；*R* 为径向

图 1.4 试样锯解示意

1.3.1　含水率和微波频率的影响

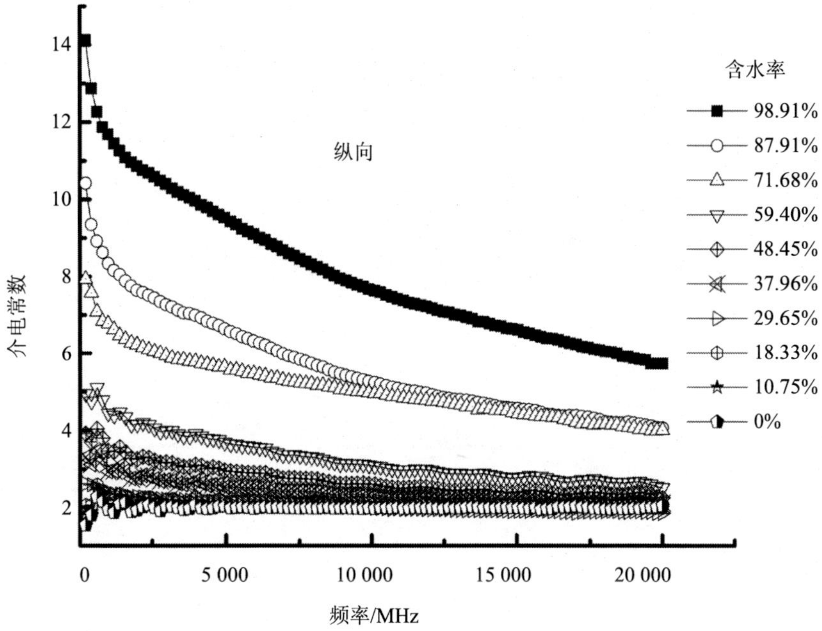

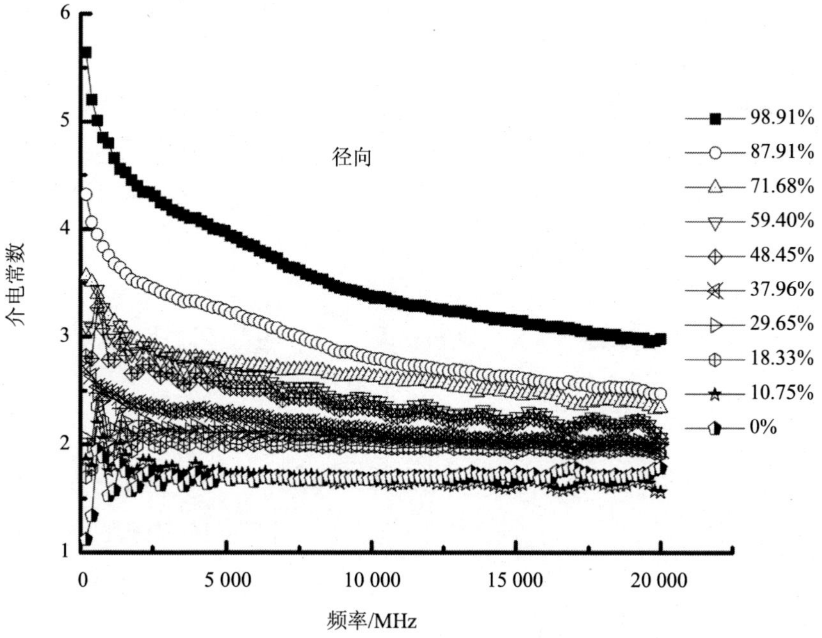

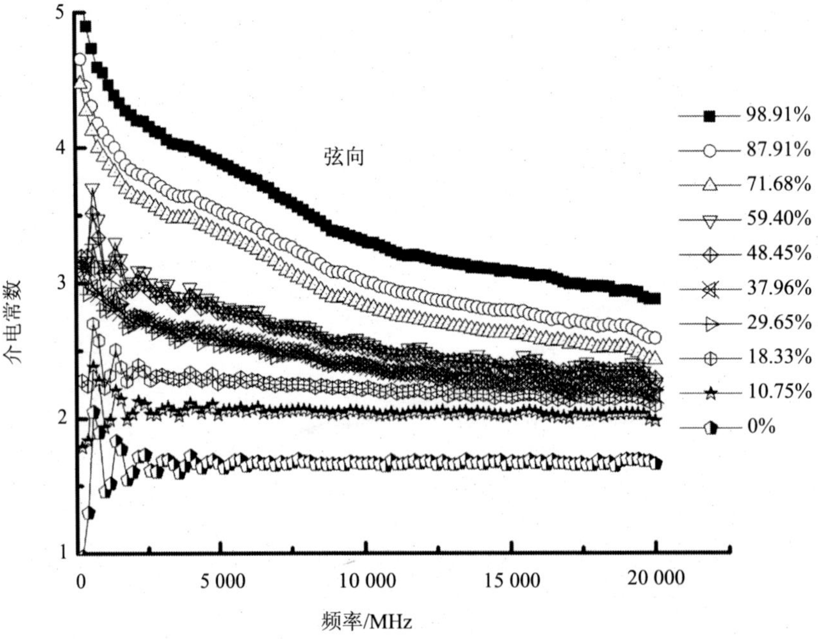

图 1.5　含水率和微波频率对杨木介电常数的影响

图 1.5 表示木材含水率和微波频率对杨木介电常数（ε'）的影响规律。从图 1.5 中可以看出，杨木的介电常数随着含水率的增加而显著增加，随着微波频率的增大缓慢减小，且木材纵向、径向、弦向的介电常数随含水率和微波频率变化的规律相似。当含水率低于纤维饱和点时，木材的介电常数随微波频率的变化较小；当木材含水率高于纤维饱和点时，含水率越高，介电常数随微波频率的变化幅度越大。对于含水率为 98.91%的试件，当微波频率从 200 MHz 增大到 10.1 GHz 时，杨木的纵向、径向、弦向的介电常数分别减小了 46.06%、40.47%和 36.72%，若微波频率继续增大，则木材的介电常数变化趋于平缓；当木材含水率从 0%增加到 98.91%时，在本试验测量的微波频率范围内，木材纵向、径向和弦向的介电常数最大可分别增加 8.2 倍、4.0 倍和 4.3 倍。

图 1.6 表示含水率和微波频率对杨木损耗因数（ε''）的影响规律。从图 1.6 中可以看出，随着含水率的增加，杨木损耗因数明显增大；损耗因数随着微波频率的增加呈现先减小后增大的变化趋势，但当微波频率超过 7 500 MHz 后，微波频率对损耗因数的影响几乎可以忽略不计，且含水率越高，频率对损耗因数的影响越大。在 200 MHz～0.2 GHz 频率范围内，木材含水率从 0%增加到 98.91%，木材纵向、径向和弦向的损耗因数最大可分别增加 86.3 倍、49.5 倍和 34.0 倍。综合图 1.5 和图 1.6 的数据可知，含水率对木材的介电常数和损耗因数影响较大，且含水率对木材损耗因数的影响大于其对介电常数的影响。

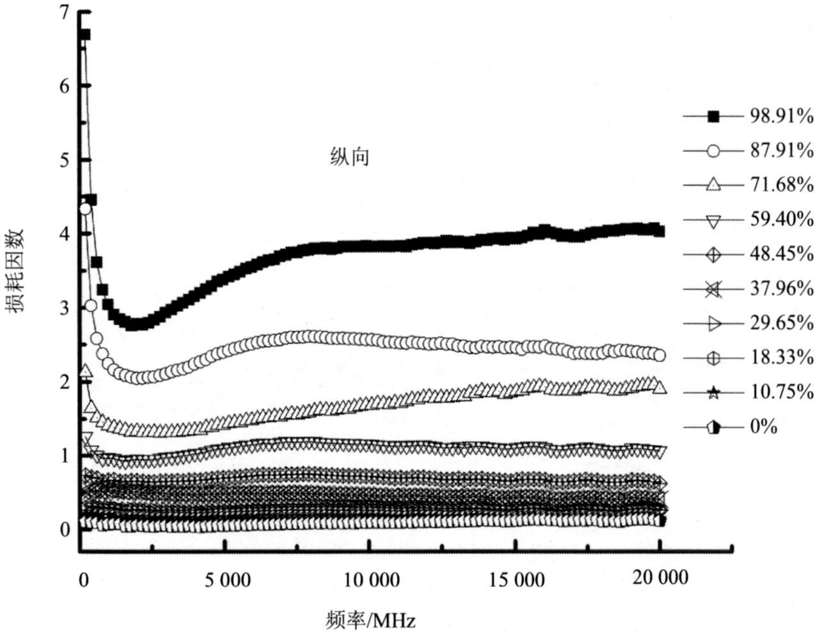
纵向
损耗因数
7
6
5
4
3
2
1
0
0
5 000
10 000
15 000
20 000
频率/MHz
98.91%
87.91%
71.68%
59.40%
48.45%
37.96%
29.65%
18.33%
10.75%
0%

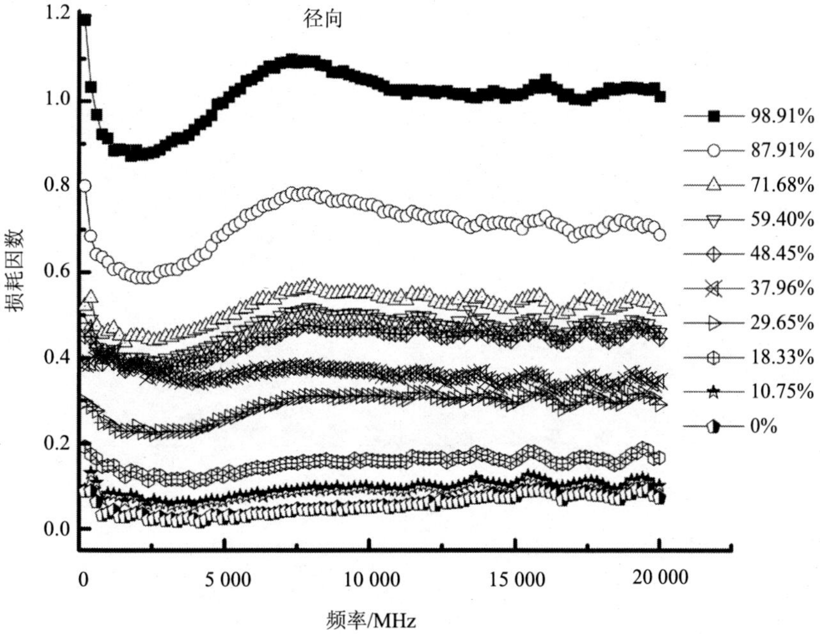
径向
损耗因数
1.2
1.0
0.8
0.6
0.4
0.2
0.0
0
5 000
10 000
15 000
20 000
频率/MHz
98.91%
87.91%
71.68%
59.40%
48.45%
37.96%
29.65%
18.33%
10.75%
0%

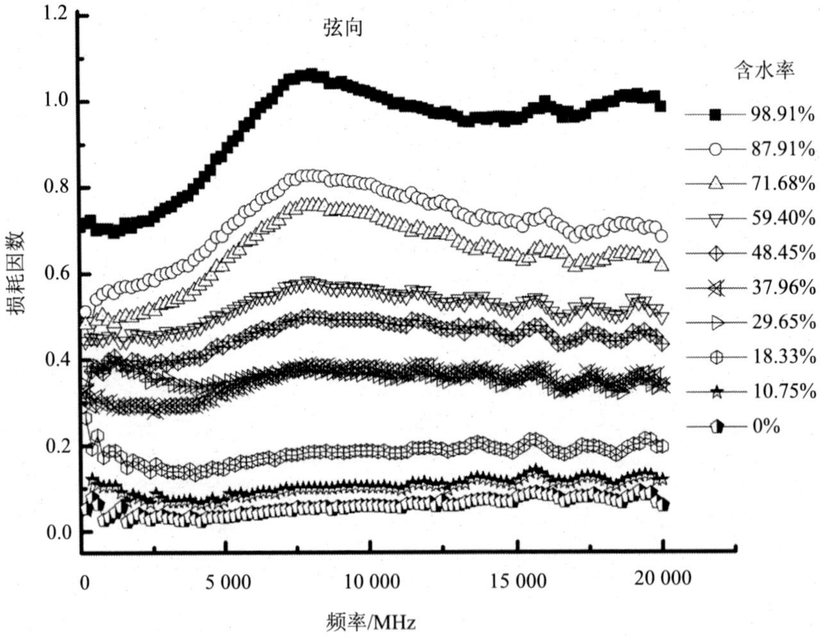

图 1.6 含水率和微波频率对杨木损耗因数的影响

1.3.2 温度的影响

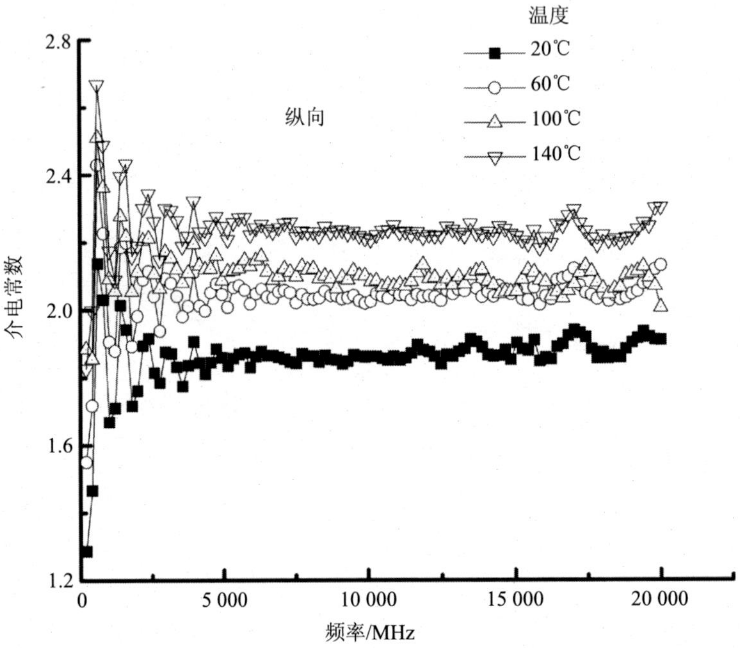

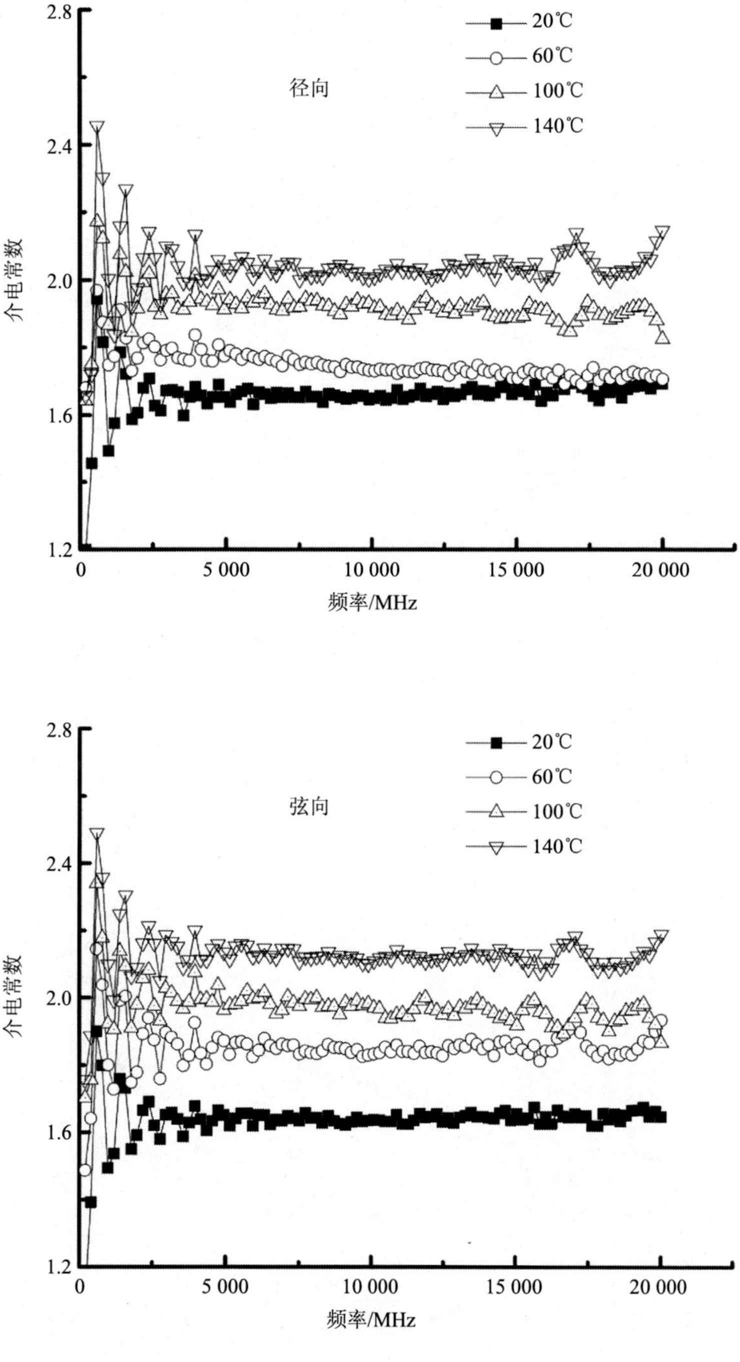

图 1.7　温度对杨木介电常数的影响

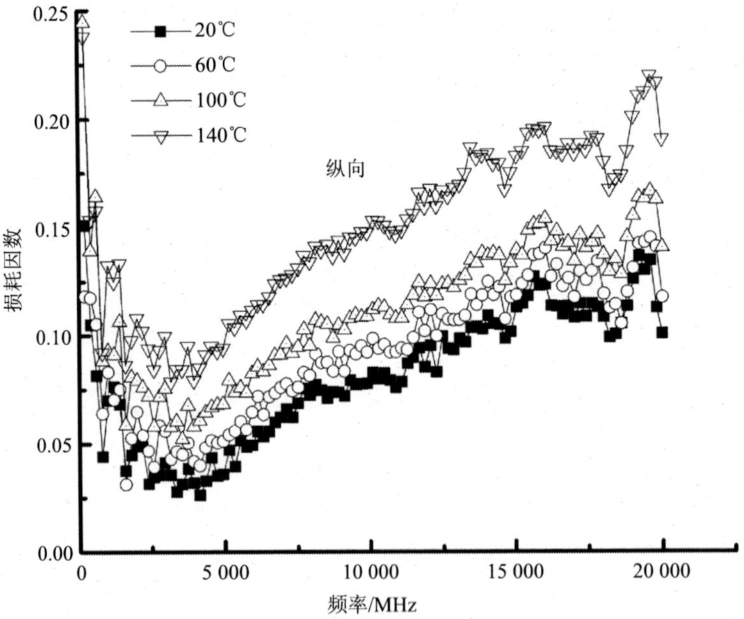
0.25
0.20
0.15
0.10
0.05
0.00
损耗因数
20℃
60℃
100℃
140℃
纵向
0
5 000
10 000
15 000
20 000
频率/MHz

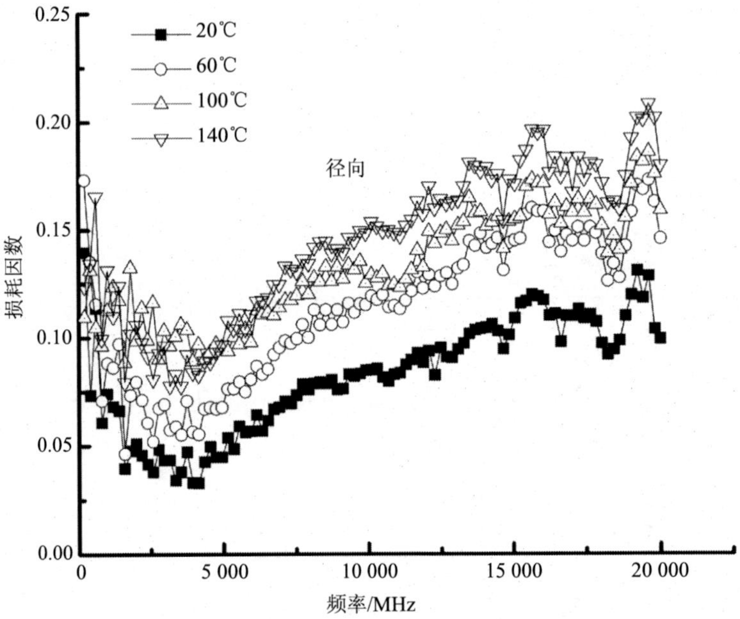
0.25
0.20
0.15
0.10
0.05
0.00
损耗因数
20℃
60℃
100℃
140℃
径向
0
5 000
10 000
15 000
20 000
频率/MHz

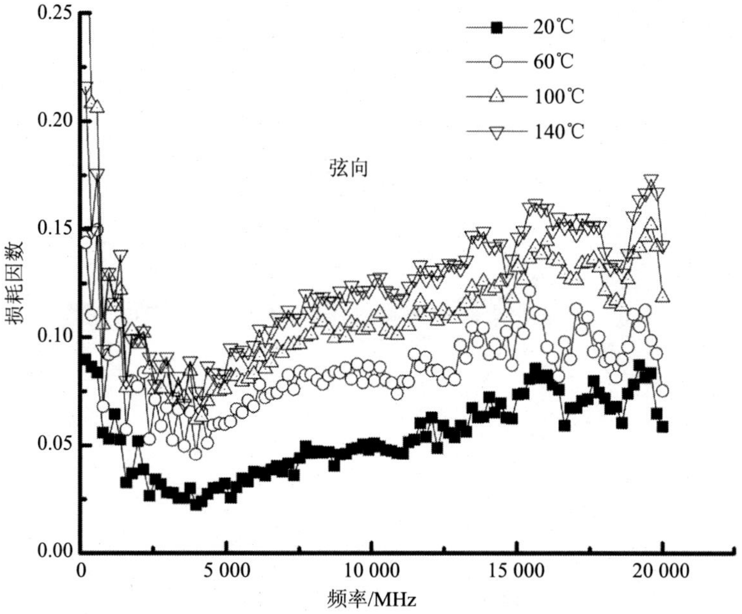

图 1.8 温度对杨木损耗因数的影响

图 1.7 和图 1.8 分别表示温度对绝干杨木试件介电常数和损耗因数的影响规律。从图 1.7 和图 1.8 中可以看出，在室温环境下，杨木介电常数的值约为 1.7，且基本不受微波频率变化的影响，而杨木损耗因数随频率的增加呈现先减小后增大的变化趋势，且木材纵向、径向、弦向的介电特性与温度的变化规律相似；随着温度的增加，杨木介电常数及损耗因数皆呈增加趋势，当温度从 20℃升高到 140℃时，木材介电常数最大可增加 40.58%，损耗因数最大可增加 271.76%。

图 1.9 和图 1.10 分别表示纹理方向对杨木介电常数和损耗因数的影响规律。从图 1.9 和图 1.10 中可以看出，杨木纵向的介电常数和损耗因数均大于横向（弦向和径向），纵向介电常数值约为横向的 1.2 倍，损耗因数值为横向的 1.4～2.5 倍。在木材横纹方向上，径向的介电特性略大于弦向，但与杨木纵向、横向的介电特性差值相比，径向、弦向介电特性的差异可以忽略不计。

上述试验结果表明含水率是影响木材介电特性的最主要因素，在实际生产中可以不考虑木材纹理、微波频率等因素对木材介电特性的影响。为了定量精确描述含水率与木材介电常数、损耗因数之间的关系，本书构建了杨木试件含水率与杨木介电特性参数之间的量化数学模型（表 1.1），并通过试验对模型的模拟结果进行了检验（图 1.11，图 1.12）。从表 1.1 和图 1.11 中可以看出，该数学模型具有较高的模拟精度，其拟合回归系数的平方都在 0.90 以上，说明该数学模型能很好地模拟杨木不同纹理方向介电特性随含水率的变化规律。

1.3.3 纹理方向的影响

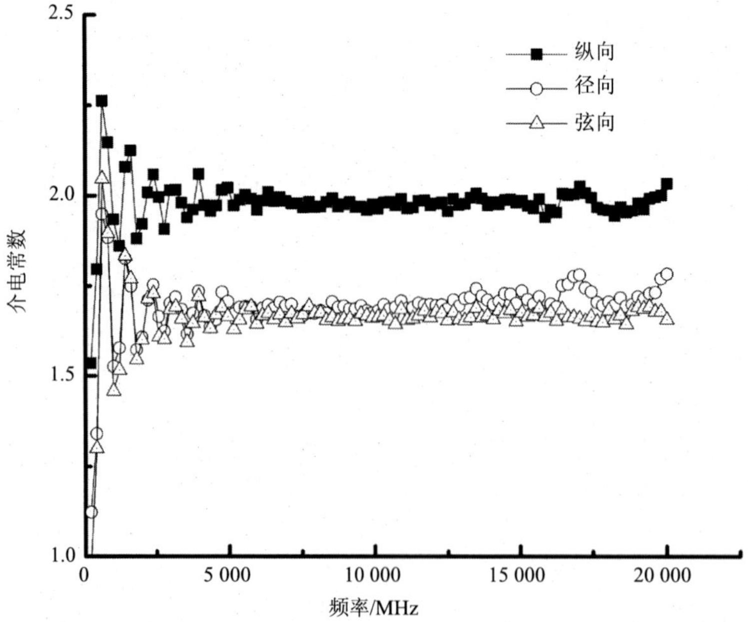

图 1.9 纹理方向对杨木介电常数的影响

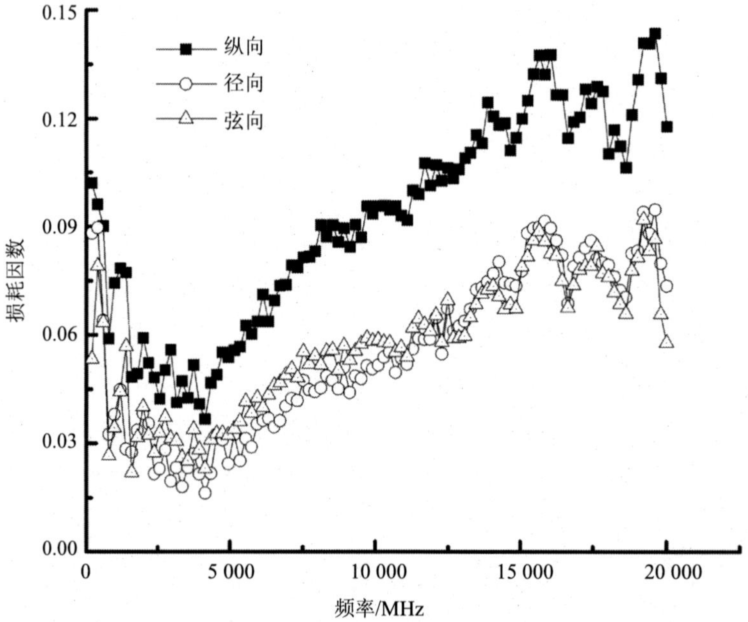

图 1.10 纹理方向对杨木损耗因数的影响

表 1.1 杨木不同纹理方向介电特性的回归方程

介电特性	纹理方向	回归方程	R^2
介电常数	纵向	$y=0.0012M^2-0.0284M+2.0811$	0.986 4
	径向	$y=1.68\times10^{-4}M^2+0.0133M+1.57941$	0.964 4
	弦向	$y=-6.42\times10^{-5}M^2+0.0357M+1.5619$	0.968 2
损耗因数	纵向	$y=3.46\times10^{-4}M^2-0.0061M+0.1658$	0.991 7
	径向	$y=2.44\times10^{-5}M^2+0.0053M+0.055$	0.909 5
	弦向	$y=-2.22\times10^{-5}M^2+0.0083M+0.0486$	0.927 7

1.3.4 结论与讨论

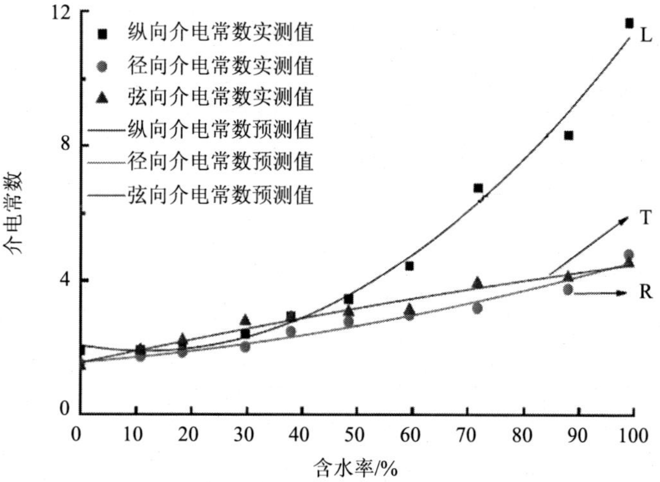

图 1.11 杨木介电常数实测值和预测值比较

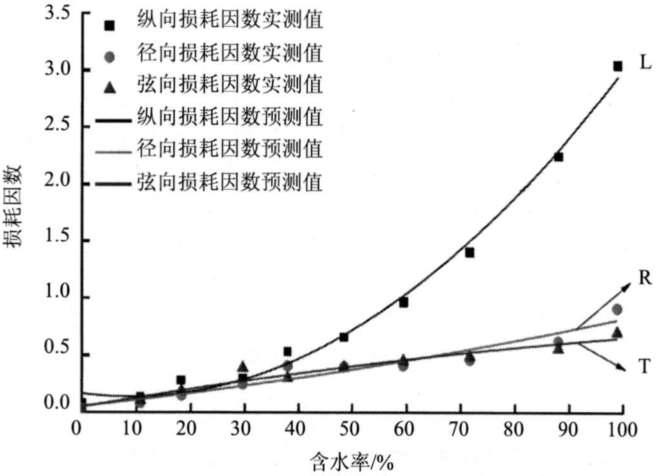

图 1.12 杨木损耗因数实测值和预测值比较

杨木的介电常数和损耗因数随着含水率的升高而增大。这与以往研究结果相似（Phadke，2012；Sahin，2004；季亚春，1997）。当木材含水率较低时，木材中的水分主要以结合水的形式存在，这些水分一部分通过氢键或其他分子力与木材紧密结合在一起，另一部分以毛细管水的形式存在于木材中。随着含水率的增加，木材中逐渐出现自由水。因为水的介电常数及损耗因数明显高于木材，增加木材中水的含量，使得相应的介电特性值增大。此外，随着木材中水分含量的增加，使木材纤维素和细胞壁中的极性基的自由度增大，极性程度变大，从而介电常数值变大（王佩，2015；周曼，1996）。

木材的介电常数随频率的增大缓慢降低，损耗因数随频率的增加呈先减小后增大的趋势。介电常数随频率的变化规律与以往的研究结果相似（曹绿菊，1986a；王佩，2015a）。在本书研究的频率范围内，最可能影响的是偶极极化的建立。在较低频率时，木材在外加电场的作用下有较充足的时间建立偶极极化，故呈现出较大的介电常数。当频率继续增大时，外加电场的周期与偶极极化建立所需要的时间相近，木材中的偶极子不能及时响应外加电场的变化，极化量减小，故介电常数随频率的增大而变小。此外，木材是一种非均质的各向异性材料，其偶极子的弛豫时间各不相同，且具有某种弛豫时间的分布（如 Wagner 弛豫时间分布）（李先泽，1964），故介电常数随频率的增大而缓慢减小。本书研究中损耗因数随频率的升高呈先减小后增大的变化规律。在 0.2～3.5 GHz 范围内，杨木的介电损耗因数随频率的升高而降低，3.5 GHz 以后，杨木的损耗因数随频率的升高而增大，这与 Olmi（Olmi，2000）报道的胡桃木和橡树的损耗因数，在 2～3 GHz 范围内，随频率的增加而略微降低的趋势相同。

绝干杨木的介电常数和损耗因数随着温度的升高而略微增大。这与以往研究结果相似（Cao，2002；Kabir，2007；Zhou，1999）。其原因可能是温度升高，分子热运动增强，从而削弱了物质间结构力的作用。在外加电场的作用下，介质极化作用增强，分子摆动加快，介质损耗的能量越多。故在本书设定的温度范围内，温度升高，导致木材介电常数及损耗因数值变大。李贤军（李贤军，2005）指出，当使用微波对木材进行加热干燥时，若木材含水率很高，湿木材的介电特性主要受自由水的影响，其弛豫频率与自由水的（约为 18 GHz）相近，远大于微波频率（0.915 GHz 或 2.45 GHz），故损耗因数具有负的“温度系数”，即木材的损耗因数随着温度的升高而降低。此时，木材内温度低的地方，损耗因数大，吸收微波能量多，而温度高的地方，吸收能量少，木材升温慢，这有利于木材的均匀加热，具有“削峰平谷”的作用。此外，木材含水率高的地方，其损耗因数大（图 1.6），吸收的微波能量多，温度升高快，能更好地蒸发多余的水分。在木材干燥后期，木材含水率很低时（$W<15\%$），其介电特性接近于绝干材，弛豫频率小于微波频率，具有正的“温度系数”，故温度越高的地方，木材的损耗因数越大（图 1.8），升温越快，温度升高反过来又会导致木材损耗因数进一步变大，促使温度进一步升高，造成“雪崩式”的恶性循

环，最终造成木材局部温度过高，严重时会烧焦木材。所以在木材干燥实际生产中，微波适用于干燥高含水率的木材，或者在木材微波干燥后期，应相应地降低输入的微波功率，以保证干燥质量。

相对于含水率、温度和频率，纹理方向对杨木介电特性的影响相对较小。研究表明木材纵向介电常数和损耗因数均大于横向介电常数和损耗因数，径向和弦向的介电特性差值较小，径向介电常数略大于弦向介电常数，该规律与以往研究结果类似（Kol，2009；Sahin，2004；王佩，2015a）。Norimoto（Norimoto，1976b）指出，介电常数在木材不同切面上的差异，主要取决于木材微纤丝角、细胞排列、细胞壁组分等。木材中纤维素大分子的排列方向大都沿着纵向，其主要极性基团羟基在平行于纤维方向上具有更大的自由度。当外加电场与木材纤维方向一致时，细胞壁物质基本上处于独立状态。故纵向极化程度大于横向，即纵向介电常数大于横向介电常数。在木材横纹理方向上，木材细胞弦面壁的木质素含量高，其介电常数小于纤维素的介电常数，所以木材的介电常数随着木质素含量的增加而减小。垂直于顺纹理方向的木射线平行于径向，但数量较少，使径向介电常数略大于弦向介电常数。

杨木介电特性研究结果表明：

（1）含水率对木材介电特性影响显著、温度次之、纹理方向最小；

（2）随着含水率增加，木材介电常数和损耗因数呈明显增加趋势，当含水率从 0%增加到 100%时，杨木纵向、径向、弦向介电常数最大可分别增加 820.22%、402.98%和 434.03%，纵向、径向、弦向损耗因数分别增加了 86.3 倍、49.5 倍和 34.0 倍；

（3）木材介电常数和损耗因数随着温度的升高而增大，当温度从 20℃升高到 140℃时，杨木介电常数最大可增加 40.58%，损耗因数最大可增加 271.76%；

（4）杨木介电特性存在各向异性，纵向介电常数和损耗因数大于横向介电常数和损耗因数，且两值在径向和弦向的差异较小，径向的略大于弦向的；

（5）杨木不同纹理方向介电常数和损耗因数与含水率的回归方程具有较好的拟合度，回归系数的平方均在 0.90 以上，能对杨木的介电特性进行有效预测。

第二章　微波电磁场理论基础

2.1　微波波导中的电磁场理论基础

由于微波频率高，一般工作在厘米波或毫米波波段，用普通的电缆或导线传输会产生很大损耗，因此微波的馈送采用截面为矩形或圆形的金属管道，称为波导。波导元件通过改变截面尺寸、增加膜片、开孔、增加销钉等方式（等效于改变电路的电阻、电感、电容），实现微波的波形变换、阻抗匹配、耦合、谐振等功能。介质波导主要用于对毫米波、亚毫米波的开发研究；中空的波导用于传输从厘米波段到毫米波段的电磁波，具有损耗小、功率容量大等优点，工业微波常用的是矩形波导和圆形波导。木材微波干燥属于工业微波应用，工业上广泛使用矩形波导。这里以矩形波导为例，阐述波导内的电磁场分布规律。

为了数学上力求简单，假设电磁波传播方向为 z 轴方向，把坐标的 z 轴选作波导的轴线方向，这样波导的横截面就是 xoy 平面，同时做以下假设：

（1）波导的横截面形状和媒质特性沿轴线 z 不变化，即具有轴向均匀性。

（2）金属波导为理想导体，电导率 $\sigma \to \infty$。波导内填充均匀、线性、各向同性的理想介质。

（3）波导内没有激励源存在，即 $\rho=0$ 和 $J=0$。

（4）电磁波沿 z 轴传播，且电磁场随时间做正弦变化。

在以上假设下，电磁场的电场分量和磁场分量均满足齐次亥姆霍茨方程

$$\nabla^2 \vec{E} + k^2 \vec{E} = 0 \tag{2.1}$$

$$\nabla^2 \vec{H} + k^2 \vec{H} = 0 \tag{2.2}$$

式中，k 是波数。既然波导轴线沿 z 方向，那么不论波的传播情况在波导内怎样复杂，其最终的效果只能是一个沿 z 方向前进的导行电磁波。因而可以把波导内电场分量和磁场分量写成：

$$\begin{cases} \vec{E} = \vec{E}(x, y)e^{-j\beta z} \\ \vec{H} = \vec{H}(x, y)e^{-j\beta z} \end{cases} \tag{2.3}$$

式中，$\vec{E}(x, y)$和$\vec{H}(x, y)$是待定函数。β为波沿 z 方向的传播常数。将式（2.3）代入式（2.1）、式（2.2），并在直角坐标系内展开

$$\begin{aligned}\nabla^2\vec{E}+k^2\vec{E}&=\frac{\partial^2\vec{E}}{\partial x^2}+\frac{\partial^2\vec{E}}{\partial y^2}+\frac{\partial^2\vec{E}}{\partial z^2}+k^2\vec{E}\\&=\frac{\partial^2\vec{E}}{\partial x^2}+\frac{\partial^2\vec{E}}{\partial y^2}-\beta^2\vec{E}+k^2\vec{E}\\&=\nabla_T^2\vec{E}+k_c^2\vec{E}=0\end{aligned}\tag{2.4}$$

$$\begin{aligned}\nabla^2\vec{H}+k^2\vec{H}&=\frac{\partial^2\vec{H}}{\partial x^2}+\frac{\partial^2\vec{H}}{\partial y^2}+\frac{\partial^2\vec{H}}{\partial z^2}+k^2\vec{H}\\&=\frac{\partial^2\vec{H}}{\partial x^2}+\frac{\partial^2\vec{H}}{\partial y^2}-\beta^2\vec{H}+k^2\vec{H}\\&=\nabla_T^2\vec{H}+k_c^2\vec{H}=0\end{aligned}\tag{2.5}$$

式中，

$$k_c^2=k^2-\beta^2\tag{2.6}$$

如果导波沿 z 方向传播，可以由式（2.4）、式（2.5）得到 E（x，y）和 H（x，y）各分量的标量波动方程。

$$\begin{cases}H_z=H_0\cos\left(\dfrac{m\pi}{a}x\right)\cos\left(\dfrac{n\pi}{b}y\right)e^{-\beta z}\\E_x=j\dfrac{\omega\mu}{k_c^2}\dfrac{n\pi}{b}H_0\cos\left(\dfrac{m\pi}{a}x\right)\sin\left(\dfrac{n\pi}{b}y\right)e^{-\beta z}\\E_y=-j\dfrac{\omega\mu}{k_c^2}\dfrac{m\pi}{a}H_0\sin\left(\dfrac{m\pi}{a}x\right)\cos\left(\dfrac{n\pi}{b}y\right)e^{-\beta z}\\E_z=0\\H_x=\dfrac{\beta}{k_c^2}\dfrac{m\pi}{a}H_0\sin\left(\dfrac{m\pi}{a}x\right)\cos\left(\dfrac{n\pi}{b}y\right)e^{-\beta z}\\H_y=\dfrac{\beta}{k_c^2}\dfrac{n\pi}{b}H_0\cos\left(\dfrac{m\pi}{a}x\right)\sin\left(\dfrac{n\pi}{b}y\right)e^{-\beta z}\end{cases}\tag{2.7}$$

式（2.7）中所有场振幅量只与坐标 x 和 y 相关。

2.1.1　电磁波模式分类

根据以上的分析，在波导中传播的导行电磁波可能出现 E_z 或 H_z 分量。因此可以依照 E_z 和 H_z 的存在情况，将在波导中传播的导行电磁波分为三种模式：TEM 波型、TE 波型及 TM 波型。

横电磁波（TEM）：$E_z=0$、$H_z=0$，即这种波既无 E_z 分量又无 H_z 分量。横电磁波不能在波导中传播。

横电波（TE 波）：传播方向上电场分量为零（$H_z\neq0$，$E_z=0$）时，此导行波称为 TE 波。

$$\begin{cases} E_{x0}=j\dfrac{\omega\mu}{k_c^2}\dfrac{n\pi}{b}H_0\cos(\dfrac{m\pi}{a}x)\sin(\dfrac{n\pi}{b}\beta) \\ E_{y0}=-j\dfrac{\omega\mu}{k_c^2}\dfrac{m\pi}{a}H_0\sin(\dfrac{m\pi}{a}x)\cos(\dfrac{n\pi}{b}\beta) \\ H_{x0}=j\dfrac{\beta}{k_c^2}\dfrac{m\pi}{a}H_0\sin(\dfrac{m\pi}{a}x)\cos(\dfrac{n\pi}{b}\beta) \\ H_{y0}=j\dfrac{\beta}{k_c^2}\dfrac{n\pi}{b}H_0\cos(\dfrac{m\pi}{a}x)\sin(\dfrac{n\pi}{b}\beta) \end{cases} \quad \text{（TE 模或}H\text{模）} \tag{2.8}$$

横磁波（TM 波）：当传播方向上有电场的分量而无磁场的分量（$E_z\neq0$，$H_z=0$）时，此导行波称为 TM 波。

$$\begin{cases} E_{x0}=-j\dfrac{\beta}{k_c^2}\dfrac{m\pi}{a}E_0\cos(\dfrac{m\pi}{a}x)\sin(\dfrac{n\pi}{b}\beta) \\ E_{y0}=-j\dfrac{\beta}{k_c^2}\dfrac{n\pi}{b}E_0\sin(\dfrac{m\pi}{a}x)\cos(\dfrac{n\pi}{b}\beta) \\ H_{x0}=j\dfrac{\omega\varepsilon}{k_c^2}\dfrac{n\pi}{b}E_0\sin(\dfrac{m\pi}{a}x)\cos(\dfrac{n\pi}{b}\beta) \\ H_{y0}=-j\dfrac{\omega\varepsilon}{k_c^2}\dfrac{m\pi}{a}E_0\cos(\dfrac{m\pi}{a}x)\sin(\dfrac{n\pi}{b}\beta) \end{cases} \quad \text{（TM 模或}E\text{模）} \tag{2.9}$$

工业上最常用的是横电波 TE_{10}，这是因为该模截止波长为 $2a$，单模传输的可用波长范围最宽，容易和其他高次模分离，实现单模传输。

2.1.2　矩形波导中传输模式的截止特性

波导中波在传输方向的波数为β，β 实数代表可沿 z 方向传播

$$\beta^2=k^2-k_c^2=(\frac{2\pi}{\lambda})^2-(\frac{2\pi}{\lambda_c})^2 \tag{2.10}$$

式中，k 为自由空间中的同频率的电磁波的波数，k_c 表示电磁波在与传播方向相垂直的平面上的波数，要是上式成立，必须有 $k^2>k_c^2$ 或者 $\lambda<\lambda_c$（$f>f_c$），上述条件不满足，电磁波不能在波导中传播，因此称为截止，故 k_c 为截止波数，而

$$k_c=\sqrt{k_x^2+k_y^2}=\sqrt{(\frac{m\pi}{a})^2+(\frac{n\pi}{b})^2}=\frac{2\pi}{\lambda_c}=\frac{2\pi}{v/f_c}=\frac{2\pi}{(1/\sqrt{\varepsilon\mu})/f_c}=2\pi f_c\sqrt{\varepsilon\mu} \tag{2.11}$$

所以截止波长和截止频率分别为

$$\lambda_c = \frac{2}{\sqrt{(\frac{m}{a})^2 + (\frac{n}{b})^2}} \tag{2.12}$$

$$f_c = \frac{v}{\lambda_c} = \frac{\sqrt{(\frac{m}{a})^2 + (\frac{n}{b})^2}}{2\sqrt{\varepsilon\mu}} \tag{2.13}$$

最低模式 TE_{10}，其余模式为高次模，由于 TE_{10} 模的截止波长最长为 $2a$，用它来传输可以保证单模传输。

当波导尺寸给定且有 $a>2b$ 时，则要求电磁波的工作波长满足

$$a < \lambda < 2a\text{，}\quad \lambda > 2b$$

当工作波长给定时，则要求波导尺寸满足

$$\frac{\lambda}{2} < a < \lambda\text{，}\quad b < \frac{\lambda}{2}$$

才能保证波导中只传输 TE_{10} 模，故上面两个条件为单模传输条件。

2.2　谐振腔中电磁场理论模型

2.2.1　微波谐振腔

波长小于截止波长的微波进入并通过波导后，进入谐振腔。谐振腔是一个由金属壁封闭包围的腔体结构。电磁波通过波导进入腔体后，在与电磁波波长成一定比例的谐振腔中形成稳定的电磁场强分布，实现电磁波的谐振。在较大的腔体内可能存在多种谐振模式，通常腔体结构越大其谐振模式也越多，同时腔体内部的电磁场分布均匀性和加热时物料内的温度分布均匀性都能得到改善。

2.2.2　谐振腔的激励和耦合

谐振腔正常工作需要内部有一定的电磁波馈入，这就需要一种激励或者耦合结构。谐振腔要达到激励的效果，有一定的要求，其结构必须要能在给定的腔体中形成所要求的电磁激励振荡模式。激励的原件有很多种，一般按照其激励的方式进行分类，主要包括四种：探针耦合、磁耦合、小孔耦合和电子耦合四种。

可以利用设计合理的耦合装置尽量减少干扰模的存在。很重要的一点是高次模尽可能少出现在谐振腔中，在谐振腔的设计中就要规避这一问题。常用的规避方法有两个：

（1）通过改变不同耦合元件的位置，重点依据需要激励的模和干扰模的不同力线方向，

找到干扰模式和高次模不能或者很弱地被激励和耦合。

（2）选择耦合元件的位置，以使该处腔内所需模式的场强为最大，而干扰模式的场强为最小。

2.2.3 微波谐振腔结构与优化

微波在谐振腔体内部的反射，使得谐振腔内形成多种工作“模式”。谐振腔内的模式越多，电磁场的分布结构就越多，谐振腔内的微波能分布也就越均匀。

传统的微波谐振腔设计理论，都是基于单个微波源和空载的情况，即矩形或圆柱形空腔谐振腔外接单个波导馈入口。一方面馈入方向单一，无法保证谐振腔内部电磁场分布均匀性。另一方面，单个微波源要达到工业加工所需要的功率，必须采用大功率的微波发生器。而大功率的微波发生器不仅造价昂贵，而且对电源配备、冷却系统等方面的要求高，维护也不方便。本书提出了有负载情况下采用多个微波源实现大功率微波谐振腔的方案。这种方案使得负载各方向都有微波辐射，升温均匀。同时可通过低功率微波发生器的组合，实现大功率微波加工的目的。这样，不仅微波发生器的整体成本大大降低，对电源配备要求也得到降低，而且可采用简单的风冷系统实现冷却。此外，由于微波发生器数量增加，个别发生器失效后影响不大，且更换成本低廉，适合大面积推广应用。

2.2.4 电磁场与微波能量分布模型

根据电磁波传播和热力学相关理论，建立如下数学模型。空间电磁场分布由麦克斯韦方程给出：

$$\nabla\times\vec{E}=-\frac{\partial\vec{B}}{\partial \mathrm{t}} \tag{2.14}$$

$$\nabla\times\vec{H}=\vec{J}+\frac{\partial\vec{D}}{\partial \mathrm{t}} \tag{2.15}$$

$$\nabla\cdot\vec{B}=0 \tag{2.16}$$

$$\nabla\cdot\vec{D}=\rho_c \tag{2.17}$$

式（2.14）、式（2.15）、式（2.16）和式（2.17）中，$\vec{E}$ 为电场强度；$\vec{H}$ 为磁场强度；$\vec{B}$ 为磁感应强度；$\vec{D}$ 为电位移；$\vec{J}$ 为电流密度；ρ_c 为自由电荷密度；其中 $\vec{J}=\sigma\vec{E}$，$\vec{D}=\varepsilon\vec{E}$，$\vec{B}=\mu\vec{H}$，$\sigma$ 为电导率，ε 为介电常数，μ 为磁导率。空间和木材内部电磁场分布由式(2.14)、式（2.17）决定。

在本模型中，微波激励源以时谐电磁场 TE_{10} 模为例，即 $\vec{E}=\vec{E}(\vec{r})e^{-i\omega t}$，$\vec{H}=\vec{H}(\vec{r})e^{-i\omega t}$，将 $\vec{B}$ 和 $\vec{D}$ 表示成 $\vec{E}$ 和的 $\vec{H}$ 函数：

$$\nabla \times \vec{E}(\vec{r}) = i\omega\mu\vec{H}(\vec{r}) \tag{2.18}$$

$$\nabla \times \vec{H}(\vec{r}) = (\sigma - i\omega\varepsilon)\vec{E}(\vec{r}) = -i\omega\varepsilon^{*}\vec{E}(\vec{r}) \tag{2.19}$$

式中，ε^{*}为复介电常数，表示成$\varepsilon^{*} = \varepsilon' + i\varepsilon''$。由式（2.18）和式（2.19）可得（Ayappa，1997）：

$$\nabla(\vec{E} \cdot \frac{\nabla\varepsilon^{*}}{\varepsilon^{*}}) + \nabla^{2}\vec{E} + k^{2}\vec{E} = 0 \tag{2.20}$$

求解式（2.20）得到木材内部电场分布。假设木材各向均匀，即各个方向的介电常数为恒定值，所以式（2.20）的第一项为零，可简化为

$$\nabla^{2}\vec{E} + k^{2}\vec{E} = 0 \tag{2.21}$$

式中，k与木材介电性质相关，其表达式为：

$$k = \alpha + i\beta \tag{2.22}$$

$$\alpha = \frac{2\pi f}{c}\sqrt{\frac{\varepsilon'(\sqrt{1+\tan^{2}\delta} + 1)}{2}} \tag{2.23}$$

$$\beta = \frac{2\pi f}{c}\sqrt{\frac{\varepsilon'(\sqrt{1+\tan^{2}\delta} - 1)}{2}} \tag{2.24}$$

式中，f为微波频率；$\tan\delta$为木材损耗因子。损耗因子通过式（2.25）计算

$$\tan\delta = \frac{\varepsilon''}{\varepsilon'} \tag{2.25}$$

计算木材内部电磁场分布时，式（2.21）的边界条件如下：

$$n \times [\vec{E}_{1}(\vec{r}) - \vec{E}_{2}(\vec{r})] = 0 \tag{2.26}$$

$$n \times [\vec{H}_{1}(\vec{r}) - \vec{H}_{2}(\vec{r})] = 0 \tag{2.27}$$

式（2.26）、式（2.27）中的下标1指该场量在空气中，下标2指该场量在木材中。电场强度与磁场强度的关系：

$$\frac{\partial\vec{E}(\vec{r})}{\partial r} = i\mu_{0}\omega\vec{H}(\vec{r}) \tag{2.28}$$

式（2.20）的解是由两相反方向的波动函数叠加组成：

$$E = A_{1}e^{ikr} + B_{1}e^{-ikr} \tag{2.29}$$

式中，A_{1}和B_{1}的值由边界条件式（2.26）、式（2.27）所确定。求出木材内电场后，应用坡印廷定理计算出木材内部各点的电磁场能量密度：

$$Q = \frac{1}{2}\omega\varepsilon_{0}\varepsilon''\vec{E} \cdot \vec{E}^{*} \tag{2.30}$$

式中，ε_{0}为真空介电常数，$\vec{E}^{*}$为电场复共轭。

2.3 热迁移模型

微波加热木材过程中，木材内部的热平衡由下式表述：

$$\rho C_P \frac{\partial T}{\partial t} = \nabla \cdot (k_T \nabla T) + Q \tag{2.31}$$

式中，ρ、C_P、k_T、Q 分别为木材密度、木材比热、木材热导率、电磁场能量密度。式（2.31）边界条件为

$$t = 0\text{，}\quad T = T_{ini}\text{，}\quad 0 \leqslant r \leqslant R \tag{2.32}$$

$$t > 0\text{，}\quad -k_T \frac{\partial T}{\partial r} = h(T - T_a) + L_{vap} k'_m (C_{w,s} - C_{equi})\text{，}\quad r = R \tag{2.33}$$

式中，R 为圆柱型木材的半径；h 为木材热传导系数；T_a 和 T_{ini} 分别为空气、木材初始温度；L_{vap}、k'_m、$C_{w,s}$、C_{equi} 分别为水的汽化热、水分交换系数、木材表层含水率、木材平衡含水率。

2.4 有限元分析方法简介

要计算出木材内每一点上的温度，需要把木材划分成很多个微小部分，分别研究每一部分的能量和温度关系（当然，需要考虑与其余部分的热传递），然后再把每一步的结果综合到一起，从而完成了整个计算，推导求解。这就是有限元分析的基本思想。这个解不是准确解，而是近似解，因为实际问题被较简单的问题所代替。由于大多数实际问题难以得到准确解，而有限元不仅计算精度高，而且能适应各种复杂形状，因而成为行之有效的工程分析手段。

有限元是那些集合在一起能够表示实际连续域的离散单元。有限元的概念早在几个世纪前就已产生并得到了应用，例如，用多边形逼近圆来求得圆的周长，但作为一种方法被提出，则是最近的事。有限元法最初被称为矩阵近似方法，应用于航空器的结构强度计算，并由于其方便性、实用性和有效性而引起从事力学研究的科学家的浓厚兴趣。经过数十年的努力，随着计算机技术的快速发展和普及，有限元方法迅速从结构工程强度分析计算扩展到几乎所有的科学技术领域，成为一种丰富多彩、应用广泛并且实用高效的数值分析方法。

有限元方法与其他求解边值问题近似方法的根本区别在于它的近似性仅限于相对小的子域中。20 世纪 60 年代初首次提出结构力学计算有限元概念的克拉夫（Clough）教授

形象地将其描绘为："有限元法=Rayleigh Ritz 法+分片函数"，即有限元法是 Rayleigh Ritz 法的一种局部化情况。不同于求解（往往是困难的）满足整个定义域边界条件的允许函数的 Rayleigh Ritz 法，有限元法将函数定义在简单几何形状（如二维问题中的三角形或任意四边形）的单元域上（分片函数），且不考虑整个定义域的复杂边界条件，这是有限元法优于其他近似方法的原因之一。

对于不同物理性质和数学模型的问题，有限元求解法的基本步骤是相同的，只是具体公式推导和运算求解不同。有限元求解问题的基本步骤通常为：

第一步：问题及求解域定义

根据实际问题近似确定求解域的物理性质和几何区域。

第二步：求解域离散化

将求解域近似为具有不同有限大小和形状且彼此相连的有限个单元组成的离散域，习惯上称为有限元网络划分。显然单元越小（网格越细）则离散域的近似程度越好，计算结果也越精确，但计算量及误差都将增大，因此求解域的离散化是有限元法的核心技术之一。

第三步：确定状态变量及控制方法

一个具体的物理问题通常可以用一组包含问题状态变量边界条件的微分方程式表示，为适合有限元求解，通常将微分方程化为等价的泛函形式。

第四步：单元推导

给单元构造一个适合的近似解，即推导有限单元的列式，其中包括选择合理的单元坐标系，建立单元试函数，以某种方法给出单元各状态变量的离散关系，从而形成单元矩阵（结构力学中称刚度阵或柔度阵）。

为保证问题求解的收敛性，单元推导有许多原则要遵循。对工程应用而言，重要的是应注意每一种单元的解题性能与约束。例如，单元形状应以规则为好，畸形时不仅精度低，而且有缺秩的危险，将导致无法求解。

第五步：总装求解

将单元总装形成离散域的总矩阵方程（联合方程组），反映对近似求解域的离散域的要求，即单元函数的连续性要满足一定的连续条件。总装是在相邻单元结点进行，状态变量及其导数连续性建立在结点处。

第六步：联立方程组求解和结果解释

有限元法最终导致联立方程组。联立方程组的求解可用直接法、迭代法和随机法。求解结果是单元结点处状态变量的近似值。对于计算结果的质量，将通过与设计准则提供的允许值比较来评价并确定是否需要重复计算。

第三章　木材微波预处理理论模拟

微波预处理是 20 世纪末始于澳大利亚的木材改性新技术，其基本原理是利用高强度微波对湿木材进行瞬时处理，使木材内部水分在短时间内获得足够多的能量，产生相变和气体热压效应，在蒸汽膨胀动力带动下，破坏木材内部微观构造，形成新的流体通道，提高木材后期干燥与浸注改性处理效率，制备出功能性木质复合材料。但与此同时，国内外的研究也发现采用微波对木材进行预处理时还存在诸多问题，其中最主要的问题之一是木材微波改性处理不均匀。要获得均匀的微波改性处理材最核心的工作是研制出场强分布均匀的微波谐振腔及其微波预处理设备。基于此，本书将在构建微波预处理过程中木材内电磁场分布和热质迁移模型的基础上，通过数字模拟方法，研究微波馈入方式及谐振腔半径对木材内温度分布均匀性和微波能量利用效率的影响规律，获得优化的微波谐振腔型，以期为木材微波预处理设备的研制和木材微波预处理技术研究提供参考和借鉴。

3.1　微波一维馈入木材热效应模拟

从热传导的物理规律出发，建立微波加热过程中木材内部热传导模型，并通过理论模拟揭示不同微波加热方式对预处理中木材内部温度分布的影响规律。结果表明：微波处理过程中，木材内部的温度分布规律及均匀性与微波加热方式直接相关；当采用单向微波辐射的方式进行加热时，沿着微波入射方向，木材温度逐渐降低，木材内部温差较大，且温度分布均匀性较差；当使用双向微波辐射的方式进行加热时，从木材表层到芯层，温度分布呈现出先增加后降低的趋势，且温度分布的均匀性较好。

对于单微波辐射源加热模式如图 3.1 所示，其温度分布的数学模型为

$$\begin{cases} \dfrac{C}{\lambda}\dfrac{\partial T}{\partial t}=\dfrac{\partial^2 T}{\partial x^2}+\dfrac{q_0}{\lambda}\exp(-bx) \\ T(x,0)=T_0, \quad x\in[0,d] \\ \lambda\dfrac{\partial T}{\partial x}|_{x=0}=\alpha[T(0,t)-T_0] \\ \lambda\dfrac{\partial T}{\partial x}|_{x=d}=-\alpha[T(d,t)-T_0] \end{cases} \tag{3.1}$$

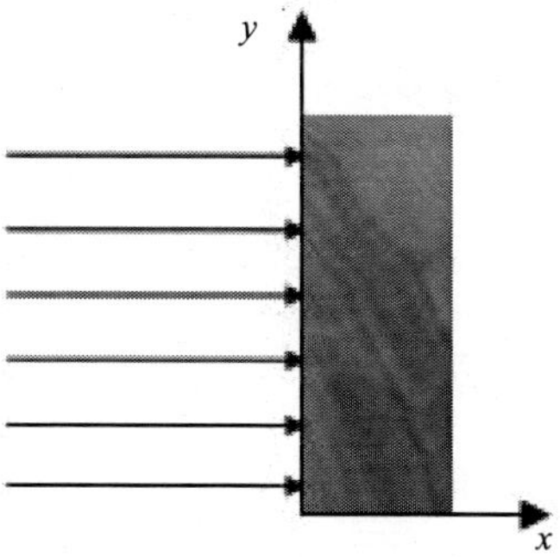

图 3.1　单微波源辐射木材示意

对上述数学模型进行求解，可以模拟出单微波源单向辐射加热条件下，木材内部温度分布模式随时间变化的规律（图 3.2）。

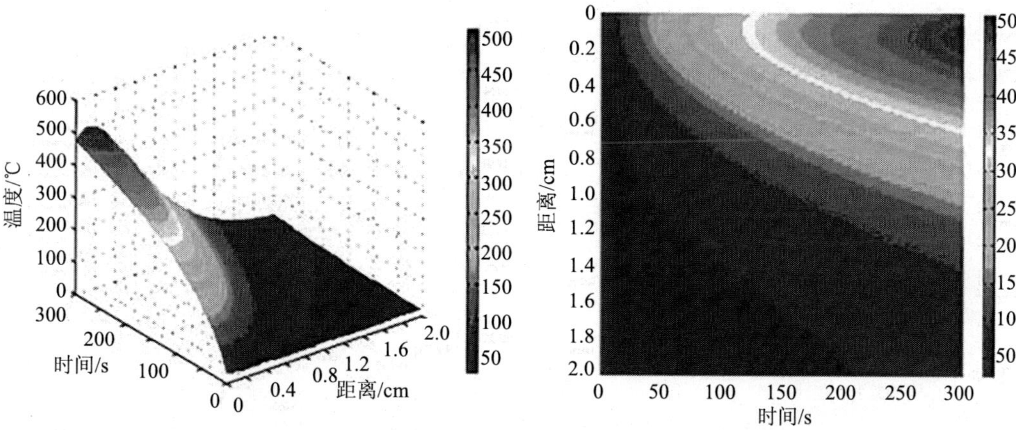

（a）三维图　　（b）灰度图

图 3.2　单微波源单向辐射木材内温度场分布

图 3.2 表示了单微波源辐射时，木材内部温度随时间和空间的变化规律。从图 3.2 中可以很明显看出：在微波干燥初期，木材内温度分布非常均匀，但随着干燥过程的进行，木材内部的温度差呈现增加趋势；面向微波辐射源一侧的木材表层温度明显高于木材芯层温度，远离微波辐射源一侧的木材表层温度最低；由于木材表面向周围环境不断散失热量，导致了木材内最高温度并非出现在面向微波源的最表面，而是在表层区域（在本研究中，该区域在距表面 1～2 mm 处）。这一模拟结果与 Piotr（Piotr，1997，1998）及笔者（李贤军，2008）的前期研究结果一致。由此可见，在不考虑木材局部材性差异对微波吸收能力的影响时，如果用单微波源辐射对木材进行干燥处理，则木材内部不会形成内高外低的温度场，木材内部的温度分布整体表现为沿着微波入射方向，温度逐渐降低，即存在一个温

度梯度。该温度梯度的存在，不利于木材的均匀干燥。

对于双微波辐射源加热模式如图 3.3 所示，其温度分布的数学模型为

$$
\begin{cases}
\dfrac{C}{\lambda}\dfrac{\partial T}{\partial t}=\dfrac{\partial^2 T}{\partial x^2}+\dfrac{q_0}{\lambda}\{\exp[-b(\dfrac{d}{2}+x)]+\exp[-b(\dfrac{d}{2}-x)]\} \\
T(x,0)=T_0,\quad x\in[-\dfrac{d}{2},\dfrac{d}{2}] \\
\lambda\dfrac{\partial T}{\partial x}\Big|_{x=-\frac{d}{2}}=\alpha[T(-\dfrac{d}{2},t)-T_0] \\
\lambda\dfrac{\partial T}{\partial x}\Big|_{x=\frac{d}{2}}=-\alpha[T(\dfrac{d}{2},t)-T_0]
\end{cases}
\tag{3.2}
$$

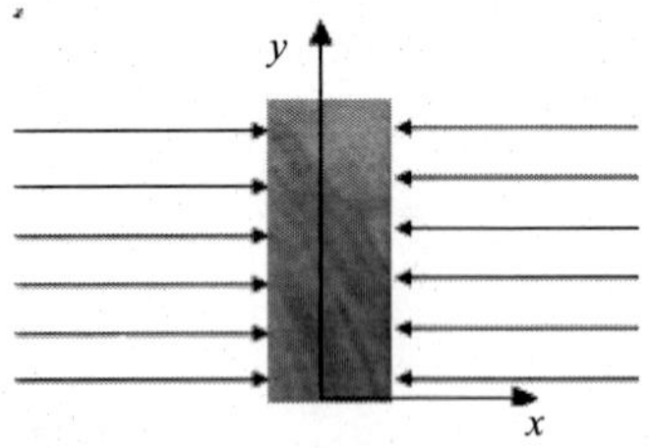

图 3.3 双微波源双向辐射木材示意

对上述数学模型进行求解，可以模拟出双微波源双向辐射加热条件下，木材内部温度分布模式随时间的变化规律（图 3.4）。

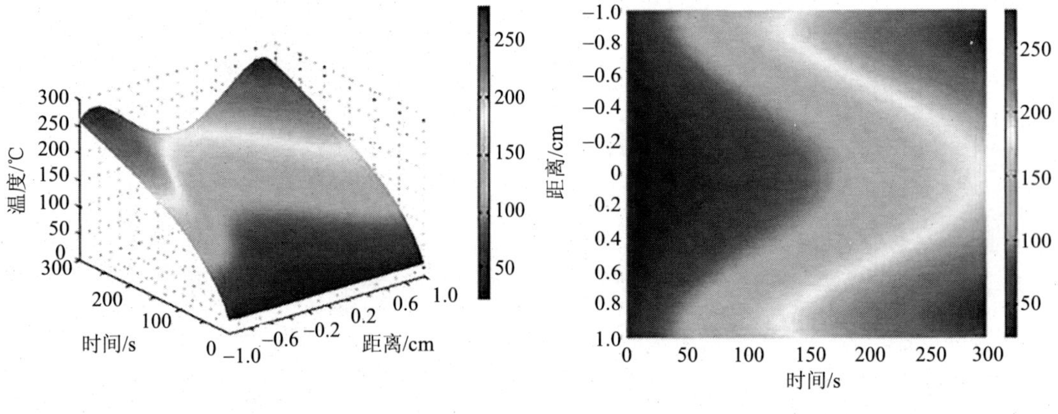

（a）三维图　　（b）灰度图

图 3.4 双微波源双向辐射木材内温度场分布

图 3.4 显示了双微波源相向辐射时，木材内部温度随时间和空间的变化规律。从图 3.4 中可以看出：沿着木材的中心对称面，木材内部两侧的温度整体呈现出对称分布规律，且

木材芯层的温度明显低于表层的温度，木材内部形成了内低外高的整体性温度场。此外，木材内温度由表及里呈现先升高后降低的趋势，且最高温度出现在距离木材表面 1～2 mm 处。与单微波源辐射方式相比，采用双微波源辐射方式干燥木材时，木材内部温度分布的均匀性得到了非常显著地改善。

3.2　木材微波预处理圆柱形谐振腔理论模拟与设计

3.2.1　模拟参数与分析方法

研究微波馈入方式对木材处理效果的影响时，选用的微波频率为 0.915 GHz，圆柱形谐振腔的直径为 0.495 3 m（即波导长度的两倍），谐振腔轴线方向长度为 0.5 m；微波激励源为多口同相位微波，各口馈入的总功率为 40 kW，多口馈入时功率平均分配到各馈入口；馈入口沿着谐振腔圆周方向均匀分布，波导选用国标 BJ9 标准型波导（长、宽、高分别为 0.247 65 m、0.123 82 m、0.082 16 m）；假设木材初始含水率取 60%，木材直径（假设均匀）0.3 m，长度 0.75 m，木材密度为 570 kg/m^3，相对介电常数、介电损耗因数分别为为 7.40、1.42，初始温度为 25℃，导热系数、比热由式（3.3）和式（3.4）给出：

$$\lambda = 0.23\left[1 - 0.72\times(25 - T)/100\right] \quad \text{W/（m℃）} \tag{3.3}$$

$$C = 2\,650\times(1 + T/100)^{0.2} \quad \text{J/（kg℃）} \tag{3.4}$$

根据上述理论建立电磁场、电磁能量分布模型以及木材内热质迁移模型，将相关的参数代入方程中，利用有限元分析软件仿真出微波木材耦合加热过程中木材内部的电磁场能量和温度分布。对比分析各种馈入方式时木材加热效果，得到优化设计参数。当研究谐振腔直径对木材内温度分布均匀性和微波能利用效率的影响规律时，除了微波谐振腔的直径变化，上述其他参数保持不变。

为了直接对新砍伐的原木进行微波预处理，需要用圆柱形谐振腔对其进行高强度微波预处理，用圆柱形谐振腔对原木进行微波干燥预处理时存在加热不均匀现象，谐振腔结构和尺寸有待优化。

3.2.2　馈入方式对原木内温度分布均匀性和微波能利用效率的影响

图 3.5 表示了微波馈入方式对原木内温度空间分布的影响规律。从图 3.5 中可以看出：微波馈入口处原木内的温度最高，沿着原木纵向，距离微波馈入口越远，原木的整体温度越低；以中央截面为对称面，原木两端的温度对称分布，温度分布模式也完全相同。

由于不同馈入方式时，原木中央截面的温度都是最高的，其他截面上温度分布模式与中央截面大体相似，且实际生产中原木是前后移动的。因此，将图 3.5 中的中央横截面的温度分布模式图单独抽取出来（图 3.6），以研究不同微波馈入方式对原木内整体温度分布均匀性的影响规律。由图 3.6 中可知：（1）一个微波口馈入时[图 3.6（a）]，原木横截面上温度分布不对称，微波馈入口附近温度非常高，远离微波馈入口，原木内温度降低，原木内温度分布不均匀；（2）对于沿圆周对称的两个微波口馈入[图 3.6（b）]，原木中央截面上的温度沿 y 轴和 z 轴都呈对称分布，但可以看出，温度分布均匀性还不够；（3）对于沿圆心对称分布的三个微波口馈入方式[图 3.6（c）]，高温区域出现在原木轴心附近，且温度分布基本呈轴对称形式，这种馈入方式温度分布比较均匀；（4）对于沿圆周均匀对称分布的四个微波口、六个微波口馈入方式[图 3.6（d）、图 3.6（e）]，温度分布模式虽然也呈轴心对称分布模式，但高温区温度过高，且集中在原木轴心，木材轴心区域与周边区域的温差过大，与三个微波口馈入相比，木材横截面上的温度分布不均匀，不利于木材的微波改性处理。

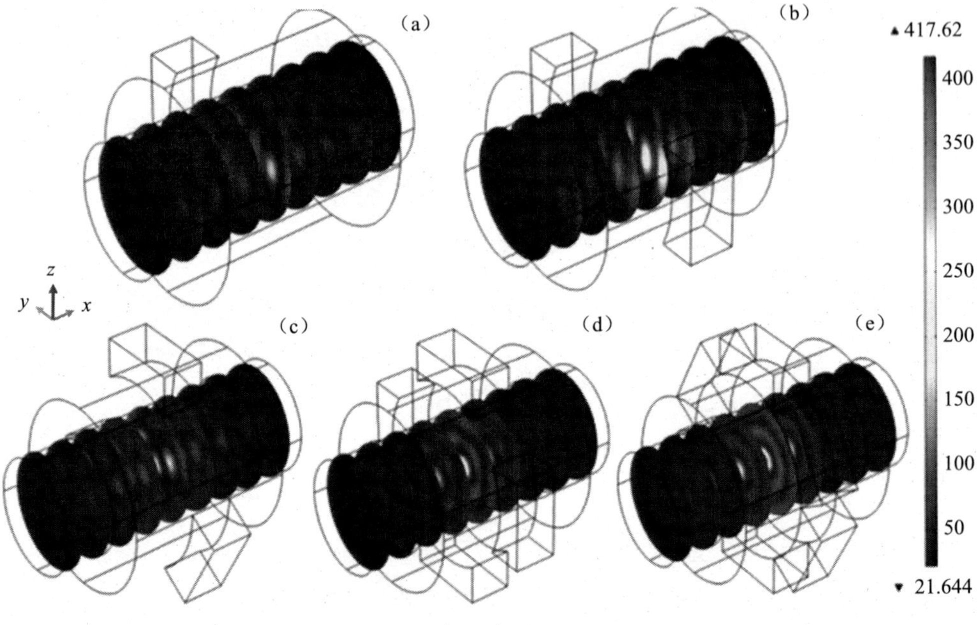

图 3.5 不同馈入方式原木内温度空间分布

（a）、（b）、（c）、（d）、（e）分别为一个、两个、三个、四个和六个微波口馈入

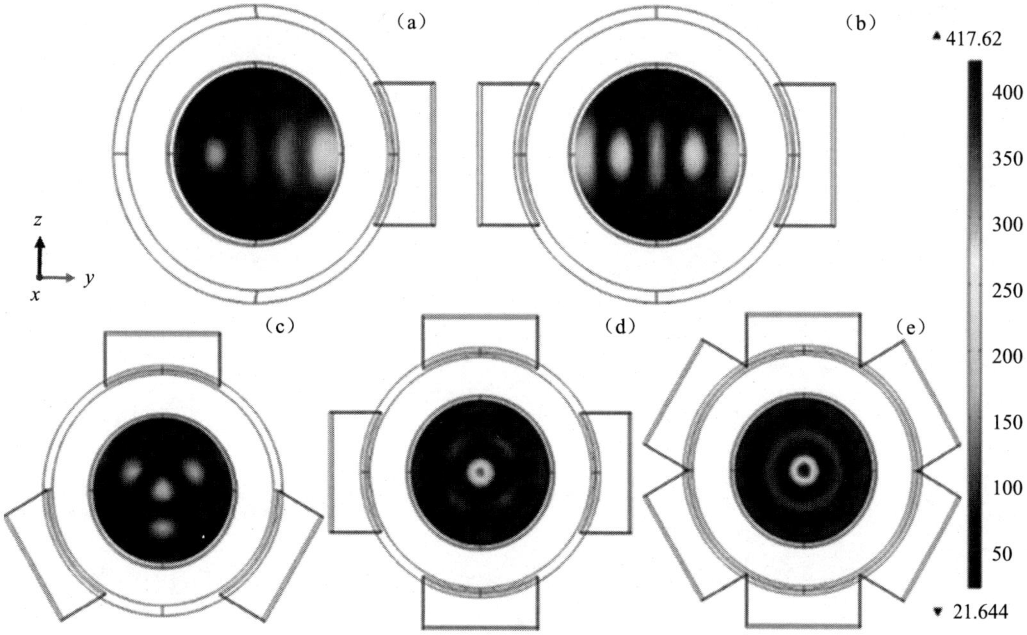

图 3.6 不同馈入方式中央截面温度分布

(a)、(b)、(c)、(d)、(e) 分别为一个、两个、三个、四个和六个微波口馈入

为定量描述微波馈入方式对木材中央横截面上温度分布均匀性的影响，我们对该截面温度分布的变异系数进行了分析（图 3.7）。从图 3.7 可以看出，当采用三个微波口馈入方式加热时，木材横截面上的温度变异系数最小，温度分布最均匀，其次为四个微波口馈入；而采用两个微波口馈入时，木材横截面上温度分布的均匀性最差；该定量分析结果与图 3.6 中直观呈现的定性结果完全一致。除研究微波馈入方式对木材内温度分布均匀性的影响外，本书还探讨了微波辐射方式对微波能量利用效率的影响规律。从图 3.7 中还可以看出，采用三个微波口馈入时，微波能的利用效率最高，达到 87.48%；而采用四个微波口馈入时，微波能的利用效率最低，降至 71.79%。当采用一个微波口、两个微波口、六个微波口馈入时，其微波能利用效率分别为 81.81%、81.72%、84.93%。这说明在四个微波口馈入时，在谐振腔内微波场发生了严重的干涉现象，形成了“驻波”，使得有较大部分的微波能量被“空耗”。

综合考虑微波馈入口数量对原木温度分布均匀性和能量利用率的影响，我们发现，采用三个微波口耦合原木时，原木温度分布最均匀，同时微波能利用效率最高。因此，在设计用于微波耦合的谐振腔时，重点考虑三个微波口馈入方式。

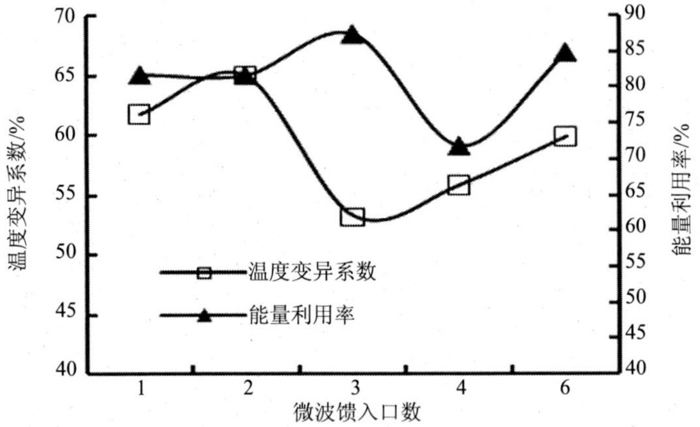

图 3.7　微波馈入口数量对温度变异系数和能量利用率的影响

3.2.3　谐振腔半径对原木内温度分布均匀性和微波能利用效率的影响

为研究圆柱形谐振腔半径对木材内温度分布均匀性和微波能量利用率的影响规律，本书模拟了三个微波口馈入谐振腔半径从 0.173 36～0.297 18 m 每隔 0.1 *w* 时（*w* 为波导宽度 0.247 65 m）木材内中央横截面的温度分布情况（图 3.8 和图 3.9）。图 3.8 和图 3.9 显示，随着半径的增大，中央横截面上温度变异系数先减小后增加；谐振腔半径在 0.198～0.223 m [图 3.8（c）]、[图 3.8（g）]时，木材横截面上的温度分布比较均匀，温度变异系数小；当谐振腔的直径小于 0.198 m 或大于 0.248 m 时，木材横截面上的温度分布均匀性较差，温度变异系数较大。这说明采用微波对圆柱形木材进行改性预处理时，木材的直径与谐振腔的直径需要匹配，当原木的直径太大或者太小时，都不利于耦合均匀性的改善和微波能量利用率的提高。

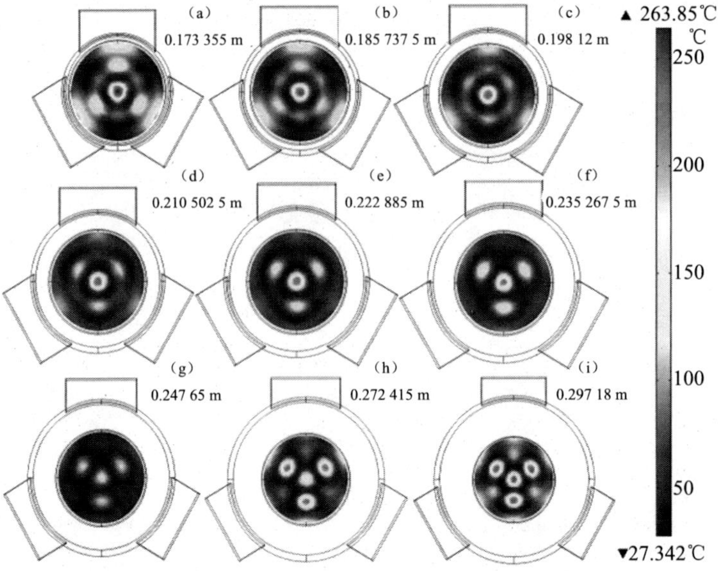

图 3.8　不同谐振腔半径原木内中央截面的温度分布

从图 3.9 中还可以看出，在原木直径一定的情况下，改变谐振腔的半径，微波能的利用效率也将发生变化，其变化规律与木材横截面内的温度变异系数变化规律基本一致。当谐振腔的半径大于 0.211 m、小于 0.272 m 时，微波能的利用效率较低。这是由于微波能的利用效率取决于谐振腔半径与波长之间的匹配关系。当谐振腔半径 R 在 0.211～0.272 m 的取值范围内时，较大部分的微波能以驻波形式存在于谐振腔与木材间的空腔内，导致进入木材的电磁能减少，从而使得微波能利用率降低。

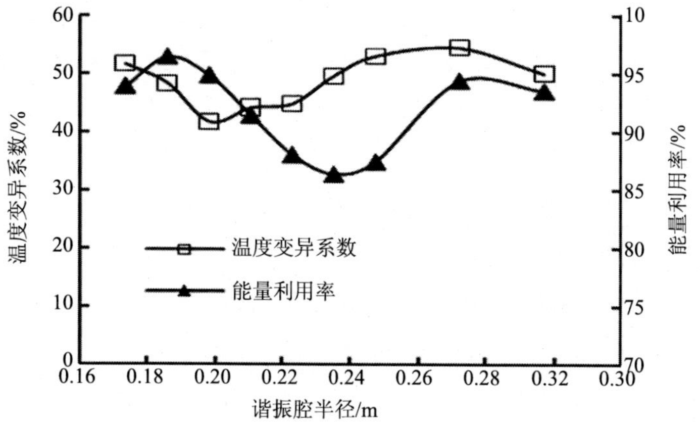

图 3.9　谐振腔半径对温度变异系数和能量利用率的影响

综合考虑微波谐振腔对木材横截面温度分布均匀性和微波能量利用率两方面的影响因素，可以明显看出，当圆柱形微波谐振腔的半径为 0.186～0.211 m 时，温度分布均匀性和微波能量利用率都较好。结果表明：

（1）微波馈入方式和谐振腔半径对木材内温度分布均匀性和微波能利用率的影响显著；

（2）在本书范围内，采用三个微波口馈入方式加热时，木材横截面上的温度分布最均匀，且微波能利用效率最高，达到 87.48%；

（3）随着微波谐振腔半径的增加，木材内温度变异系数和能量利用率整体呈现出先减小后增加的变化趋势，优化的谐振腔半径介于 0.186～0.211 m；

（4）不同木材尺寸对微波干燥过程内部温度分布影响较大，对于圆形谐振腔加热圆形木材过程中，木材半径为谐振腔半径的 0.8 倍时，木材加热后温度分布更均匀，同时能量利用率也最高。在木材长度方向上，所加热木材较短时，木材内部温度更容易集中于中心位置，能量利用率也较低，但随着木材长度的增加，木材内部温度分布逐渐均匀，并且木材达到一定长度时，木材内部温度分布不再变化，说明在加热长木材时，微波所穿透与传播的距离有限；

（5）不同频率所加热的木材的规格不同，0.915 GHz 的穿透性较强，适合干燥较大木材，而 2.45 GHz 的微波频率穿透性较低，适合加热较小尺寸的木材；

（6）随着加热时间的增加，木材内部温度分布更加不均匀，而在进行短时间预处理时，木材温度分布较均匀。随着含水率的增加，木材内部温度变异系数逐渐减小，温度分布更均匀。在含水率60%时，木材内部温度分布较均匀。

3.2.4 圆形谐振腔中负载尺寸对温度分布均匀性和微波能利用效率影响

本书采用杨木为研究对象，杨木含水率为 20%～100%，采用有限元分析方法进行模拟计算。

在三个微波口馈入谐振腔加热模型中引起某一区域木材内部温度升高有两个因素，（1）木材直接吸收的微波能量；（2）通过木材内部相邻区域的热传递。为了使模拟计算变得更合理，我们进行了以下假设：

（1）在加热过程之前木材内部的温度和水分分布均匀；

（2）在加热过程中木材和空气保持静止；

（3）在模拟加热过程中木材假设为各项均质的材料；

（4）在加热过程中木材含水率和体积保持不变。

在所建立的模型中，除了开放的边界，其他边界均为理想导体的金属边界，在木材与金属边界之间为空气，加热过程中电场的边界条件定义为：

$$\vec{n}\times[E_1(\vec{r}_0)-E_2(\vec{r}_0)]=0 \tag{3.5}$$

$$\vec{n}\times[H_1(\vec{r}_0)-H_2(\vec{r}_0)]=0 \tag{3.6}$$

式中，$\vec{E}_1$ 空气中的电场，$\vec{E}_2$ 为木材中电场，$\vec{H}_1$ 空气中的磁场，$\vec{H}_2$ 木材中的磁场以及 $\vec{r}_0$ 是空间矢量。

图 3.10 三个微波口馈入圆形谐振腔模型

注：w 和 h 分别是波导的宽和高，R 和 L 分别是圆形谐振腔的半径和长度，r 是木材的半径

如图 3.10 所示，三个微波馈入口圆形谐振腔的大小为：半径 R=0.198 m，长度 L=0.500 m。所采用的波导为 TE_{10}，其中微波频率为 0.915 GHz 时，波导大小分别为宽 w=0.248 m 和高 h=0.124 m；微波频率为 2.45 GHz 时，波导大小为 w=0.098 m，h=0.055 m。为了研究木材含水率对温度分布的影响，我们分别设置了模拟过程中不同参数的木材含水率，含水率分别为 20%、40%、60%、80%、100%，木材其他物性参数主要通过以下公式得到：

$$C = 1.8 \times [M \times (1 + \frac{T}{100})]^{0.2} \tag{3.7}$$

$$\lambda = 1.163 \times [0.020\,5 + \rho_0 (0.172 + 0.004\,7M)] \tag{3.8}$$

$$\rho = \rho_S (1 + \frac{M}{100}) \tag{3.9}$$

式中，C 为比热容；T 为温度；λ为热导系数；ρ 为密度；M 为含水率；ρ_0为木材绝干密度，ρ_S为木材基本密度。

3.2.4.1　模拟计算

在我们的模拟微波加热过程中，设置了有限元单元范围为 0.003～0.041 m，微波能量输入的功率 P 为 20/3 kW，木材的能量利用率为$\eta = P_W / 3P$。木材中心截面的温度变异系数通过有限元分析方法得到。

3.2.4.2　微波频率对温度均匀性的影响

为了研究不同微波频率对木材微波加热过程中温度分布均匀性的影响，我们采用微波频率分别为f=0.915 GHz 和f=2.45 GHz 两种频率来对木材进行模拟加热（图 3.11）。结果表明在微波频率为 f=0.915 GHz 对木材进行加热，其温度变异系数明显低于频率为 2.45 GHz 的条件下。在频率f=0.915GHz 条件下，木材温度变异系数随着木材长度的增加而减小，而在 2.45 GHz 条件下，情况却是相反的，木材中心截面的温度变异系数随着木材长度的增加而增加，其最大温度变异性达到了 91.2%，从结果分析可知，在频率为 2.45 GHz 条件下，木材中心截面温度升高的区域集中于木材表面，温度不能够到达木材的中心，不利于温度均匀性分布。而频率为 0.915 GHz 下，温度分布在圆形截面上分布更加均匀。通过结果，我们得出在相同条件下，微波谐振腔采用 0.915 GHz 频率的微波加热时，微波穿透能力较大，更有利于用来加热尺寸较大的木材，而频率为 2.45 GHz 的微波穿透性较小，更适合加热尺寸较小的木材。

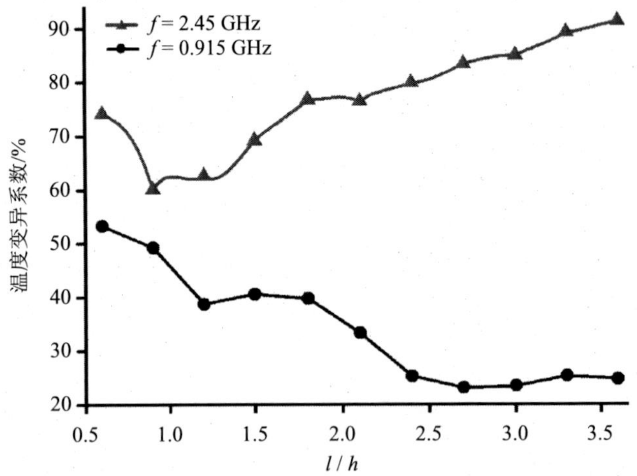

图 3.11 频率为 0.915 GHz 和 2.45 GHz 的微波加热不同长度木材的温度分布

（*l* 是木材的长度，*h* 是波导宽度）

3.2.4.3 木材尺寸对微波加热均匀性的影响

图 3.12 和 3.13 是不同半径 *r* 和长度 *l* 的木材对中心截面温度分布的影响，在研究木材半径对温度均匀性影响时，我们设定了木材长度足够长（*l*=3 *h*），含水率为 60%，并且利用微波分别加热了半径为 0.5*R*、0.6*R*、0.7*R*、0.8*R* 和 0.9*R* 的木材（图 3.12），结果表明当木材半径是谐振腔半径的 0.5 倍时，木材内温度升高区域几乎集中于中心位置（图 3.12b）；当木材半径是 0.9 倍时，高温区域又出现在边缘区域（图 3.12f）；相对而言，当木材半径是 0.8 倍时，木材内的温度分布比较均匀，在中心和边缘以及中间区域温度均明显升高（图 3.12e）。

对于木材长度对温度均匀性分布的影响，设置 0.8*R* 为木材半径，同样设定木材含水率为 60%，木材的长度以波导高度 *h* 为倍数增长，分别研究了木材长度变化范围是 0.3～3.6 *h*。结果表明，木材中心截面的温度分布规律随着木材长度的增长有显著的变化（图 3.13）。当加热木材的长度较短时，木材高温区域几乎集中于中心位置[图 3.13（a）和图 3.13（b）]。但是当木材长度达到 2.4 倍时，木材中心截面的温度分布逐渐趋于均匀，高温区域开始出现在边缘和中间位置[图 3.13（c）]，而木材进一步的增长，却对温度分布影响减小[图 3.13（d）]。产生这一现象的原因可能是因为在改变木材尺寸大小时，进一步影响了谐振腔中的电磁场分布，从而导致木材内部温度分布规律会随着木材长度和半径变化而改变。

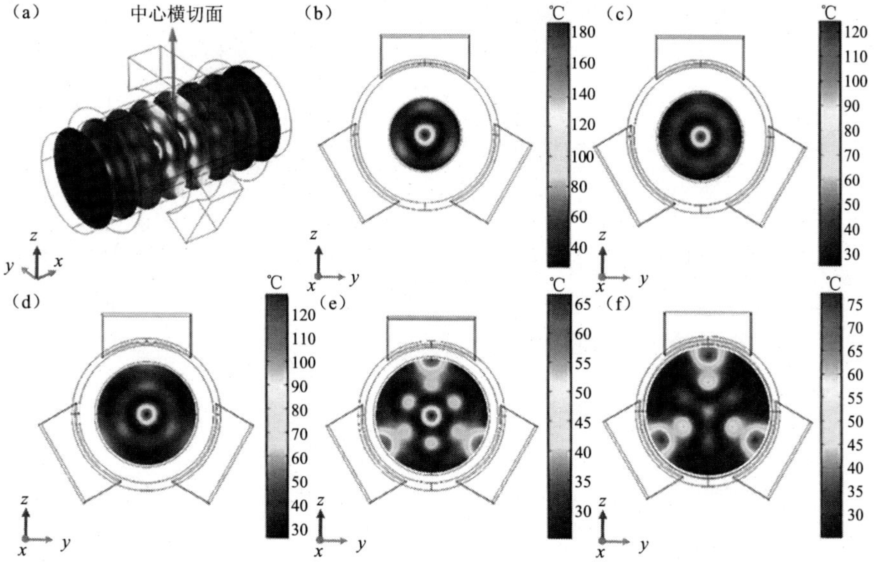

图 3.12　木材半径 r 对中心截面温度分布的影响，谐振腔半径为 R=0.198 m

（a）模拟结果的温度分布温度；木材半径分别为（b）r =0.5R；（c）r =0.6R；（d）r =0.7R；（e）r =0.8R；（f）r =0.9R

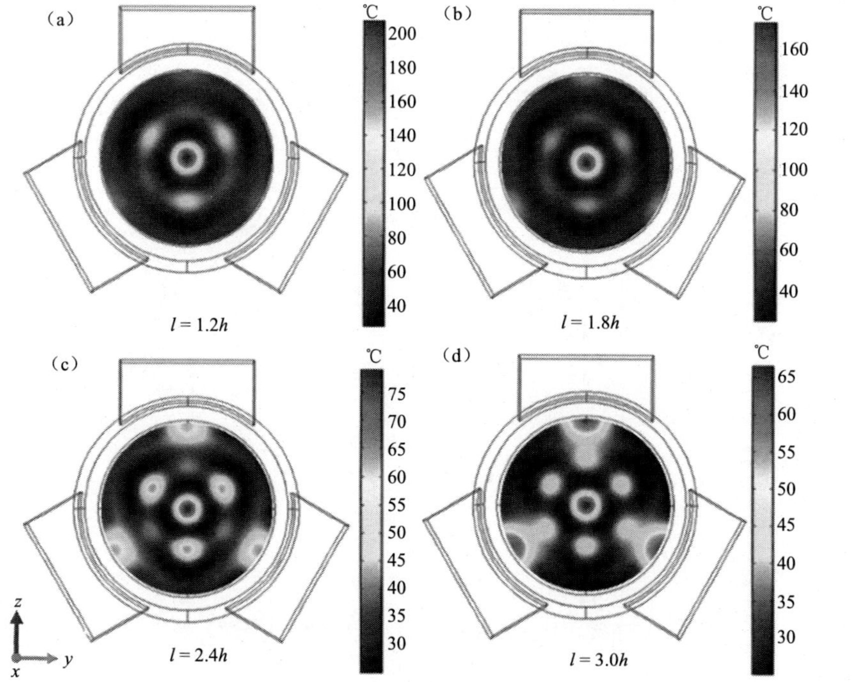

图 3.13　木材长度 l 对中心截面温度分布的影响，波导高度为 h=0.124m，木材半径为 r =0.8R

为了进一步了解木材半径和长度改变对温度分布的影响规律，我们分别从模拟结果中取得模拟数据，进行了进一步的分析。图 3.14 是木材在不同半径和不同长度下，加热过程中心截面的温度变异系数和能量利用率的数据分析图。从图 3.14（a）中可以看出，当木材半径为谐振腔的 0.5 倍时，木材的中心截面的温度变异系数高达 54.3%。然而随着木材半径的增加，直到木材半径为 0.8 倍时，其温度变异系数最小（23.5%）。木材半径进一步增加为 0.9 倍时，温度变异系数又增加。从图中可以看出半径从 0.5～0.9*R* 变化过程中，木材温度变异系数在半径为 0.8 倍时最小，而能量利用率也是在 0.8 倍时达到最大（95.3%）。由结果我们可以得出在我们设计的三口圆形谐振腔中，木材半径是谐振腔半径的 0.8 倍时，木材加热最佳，温度分布最均匀。

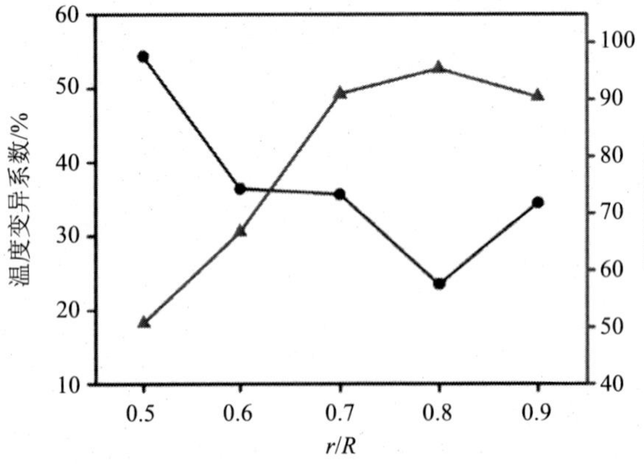

（a）木材长度 l=3.0 h，半径 r 为 0.5～0.9R

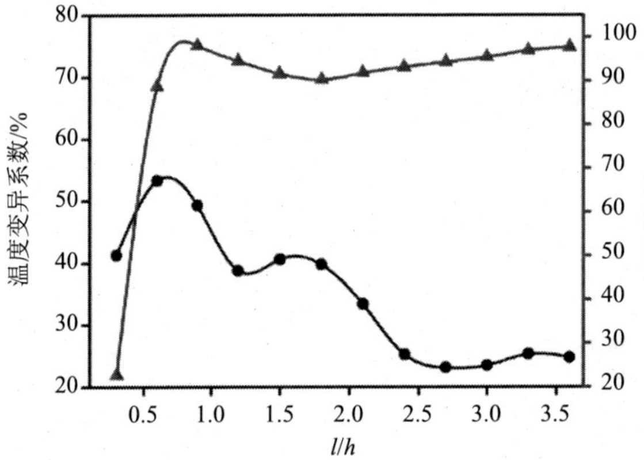

（b）木材半径为 r=0.8R，长度为从 l=0.3～3.6 h

图 3.14　不同半径 r 和长度 l 木材的温度变异系数和能量利用率

图 3.14（b）为木材长度变化对温度变异性和能量利用率的影响图，从图中可以看出，当木材长度为波导高度的 0.6 倍时，能量利用率最低（～88.7%），温度变异系数也较高

(53.3%)。但是随着木材长度的增加，能量利用率逐渐增加，木材长度达到 1 倍波导高度时，木材能量利用率达到 90%以上，同时温度变异系数逐渐减小。当木材长度达到 2.4h 以后，其变异系数也达到最小为 23.5%。木材长度继续增加时，温度变异系数基本保持不变。从结果中我们可以看出，在利用三个微波口馈入谐振腔加热木材时，木材长度必须足够长，这样微波能量利用率较高，同时温度变异性较小，温度分布更均匀。当木材长度继续增加而能量利用率和温度变异系数不再变化，也说明微波在加热木材过程中，微波传播范围有一定的局限性。

3.2.4.4　加热时间对温度分布均匀性的影响

最近的研究结果表明，在利用微波加热木材过程中，加热前期木材内的温度分布更均匀，而随着含水率的减小、加热时间的延长，木材内部温度分布越来越不均匀。基于已有研究，我们对加热时间对温度分布的影响做了进一步的研究，我们分别模拟了加热时间范围为 10～60 s，木材内部温度变异性的变化。从图 3.15 中表明，木材中心截面温度变异系数随着加热时间的增加逐渐增加，温度变异系数值从 10.7%增加到 36.8%。这就说明微波在木材中分布稳定但不均匀，处理时间增大之后，微波强的地方温度升高快，微波弱的地方温度升高慢，造成整块木材内部温度变异系数增大。利用模拟及有限元分析方法也说明了在利用微波加热过程中，木材在加热前期内部温度分布更均匀（图 3.15）。

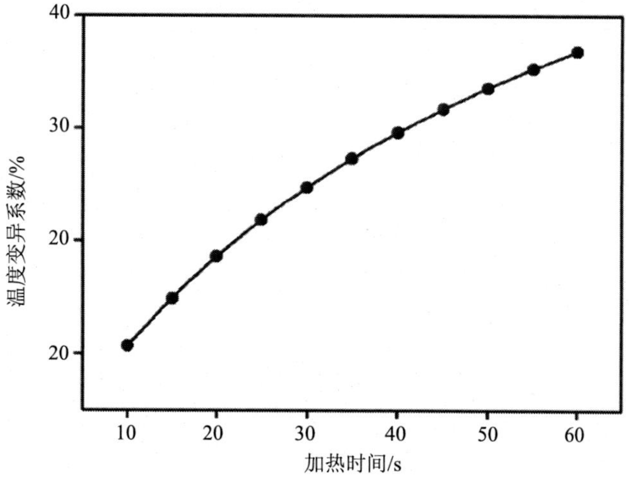

图 3.15　温度变异系数与加热时间的关系

3.2.4.5　木材含水率对温度分布均匀性的影响

模拟微波加热中不同含水率对木材温度均匀性的影响，得到不同含水率木材加热后中心截面的温度变异系数分布规律，由图 3.16 中可知，木材含水率为 60%～100%的温度变异系数要明显低于含水率为 20%和 40%的。同时我们用线性方程预测了含水率对温度分布的影响，其线性方程为：

$$y = 39.26 - 0.1714M \tag{3.10}$$

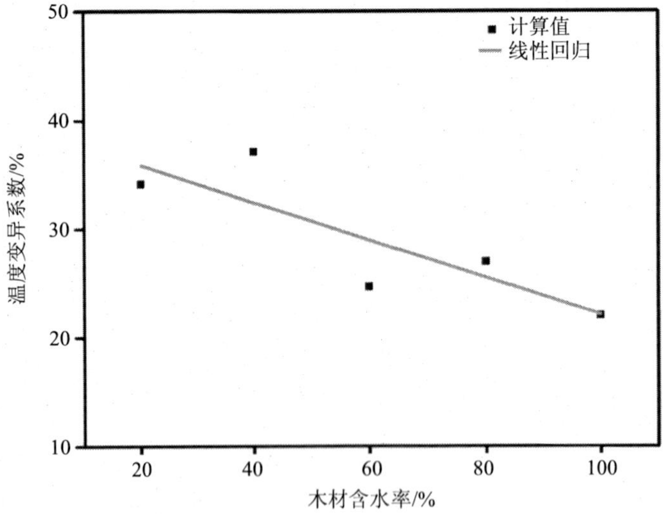

图 3.16　温度变异系数与含水率的关系

这一结果表明，木材加热干燥过程中，温度变异系数随着含水率的增加而减小。在相同条件下，含水率较高的木材在利用微波干燥时，其内部温度分布会更均匀，这可能是由于含水率较高，其介电常数（ε′）和损耗因子（ε″）的值较高。

通过建立三个微波口馈入圆柱型谐振腔模型，利用有限元分析方法，分别讨论和研究了木材在谐振腔中，不同木材半径和长度、微波频率、微波加热时间以及木材含水率对木材内部温度分布均匀性的影响规律。结果表明：

（1）谐振腔分别采用微波频率为 2.45 GHz 和 0.915 GHz 对木材进行加热，在该谐振腔中，0.915 GHz 优于 2.45 GHz，木材内温度分布更均匀。

（2）在谐振腔中，木材半径是谐振腔半径的 0.8 倍时，木材内部温度变异性小，变异系数为 23.5%，能量利用率最高为 95.3%。木材长度达到 1 倍波导高度时，能量利用率大于 90%，而温度变异系数随着木材的增加而减小，当木材长度达到波导高度的 2.4 倍时，温度变异系数达到最小。

（3）木材内部温度变异系数随着加热时间的增加而增加，表明木材在微波加热过程中，加热前期温度分布更均匀。

（4）不同含水率对木材内温度分布影响较大，相同条件下，木材高含水率较低含水率温度分布更均匀。

3.3　木材微波预处理矩形谐振腔理论模拟与设计

对于已加工成方块的木材进行微波干燥时最好采用矩形谐振腔，本节针对矩形谐振腔的微波馈入方式，对木材内部的温度分布的影响以及微波能量利用效率进行了研究。

3.3.1　正馈入矩形谐振腔

3.3.1.1　馈入方式对木材内温度分布均匀性和微波能利用效率的影响

图 3.17 表示了微波馈入方式对木材内温度空间分布的影响规律。从图 3.17 中可知，木材中其他截面与中心截面的温度分布相似，同时，微波能量大多被中心区域所吸收，选择三者的中心截面作为研究对象具有研究价值。图 3.18 显示，一个微波口馈入时温度呈“U”形分布，对称性和均匀性不强。两个微波口馈入时，高温区域位于木材中央，温度对称分布。四个微波口馈入时温度分布发散，木材各部位都有高温区域，温度分布均匀性高。

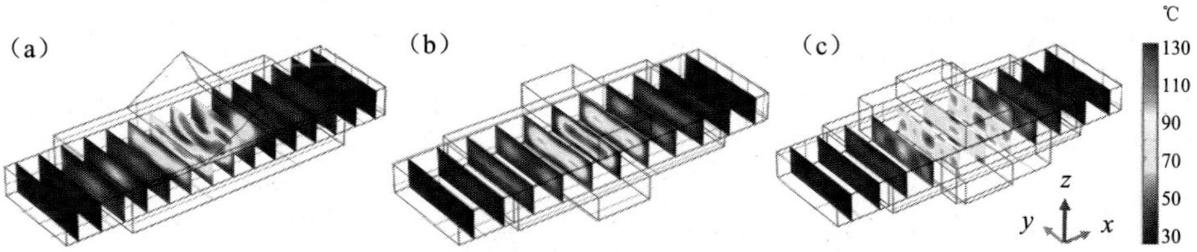

图 3.17　不同馈入方式木材内温度空间分布

(a)、(b)、(c) 分别为一个微波口斜馈入、两个微波口馈入、四个微波口馈入

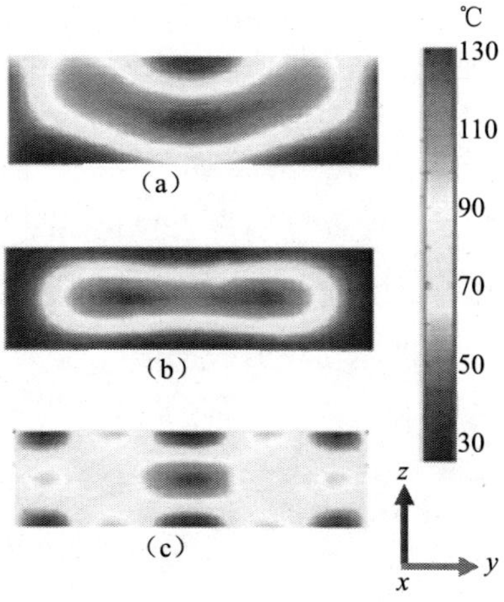

图 3.18　不同馈入方式木材内中央截面温度分布

(a)、(b)、(c) 分别为一个微波口斜馈入、两个微波口馈入、四个微波口馈入

均匀取各口馈入中心截面上各点所对应的温度值，然后求其变异系数。图 3.19 为温度变异系数、能量利用率与馈入口数的关系。图 3.19 显示，一个微波口斜馈入的能量利用率很高，但温度变异系数较大，温度分布均匀性不够好。两个微波口馈入时温度变异系数最高，温度分布均匀性最差，同时能量利用率最低，能量损耗大。四个微波口馈入时温度变异系数最低，降到了 45%左右，温度分布均匀性得到了较大的改善，同时其能量利用率较高，四个微波口馈入是三者中的最优方案。

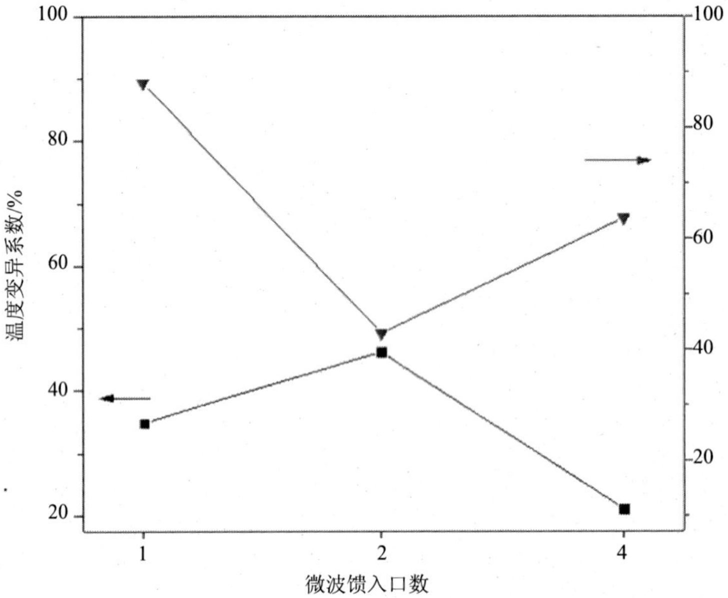

图 3.19 温度变异系数、能量利用率与馈入口数的关系

3.3.1.2 谐振腔高度对木材内温度分布均匀性和微波能利用效率的影响

谐振腔的高度对加热效果有影响，为了确定四个微波口馈入木材厚度为 0.06 m 左右时谐振腔的最佳高度，模拟了谐振腔高度 h 分别为 0.07 m、0.08 m、0.09 m、0.10 m、0.11 m、0.12 m、0.13 m、0.14 m 时木材内温度分布情况，以大致确定谐振腔的高度范围。图 3.20 为四个微波口馈入不同谐振腔高度时木材中心截面上的温度分布。图 3.21 为四个微波口馈入、变异系数、能量利用率与谐振腔高度的关系。

图 3.20 显示，当 $h \geq 0.11$ m 时高温区域向边缘转移，中间温度反而较低，没有形成内高外低的温度分布形式，不利于木材干燥。虽然 $h \geq 0.13$ m 时，温度分布比较均匀，但中心区域温度过低，不利于木材内水分的散失。因此，微波腔的高度 h 应小于 0.11 m。图 3.20 显示，当 $h \leq 0.08$ m 时，高温区域过于集中于中心，可能导致中心温度过高从而对木材造成损坏；图 3.21 显示，此区间内温度变异系数比较大，温度分布均匀性不好，同时能量利

用率也很低，因此微波腔的高度 h 应大于 0.08 m。综上所述，从温度分布均匀性和干燥效率两方面考虑，微波腔的高度 h 最好的取值范围如下：0.08 m$<h<$0.11 m。从图 3.21 还可得到，能量利用率并不是随着谐振腔高度的增大而降低，反而成正相关，这与谐振腔高度和波长之间的匹配是相关的，在设计谐振腔时，在其余条件满足时，可以考虑较大的尺寸。

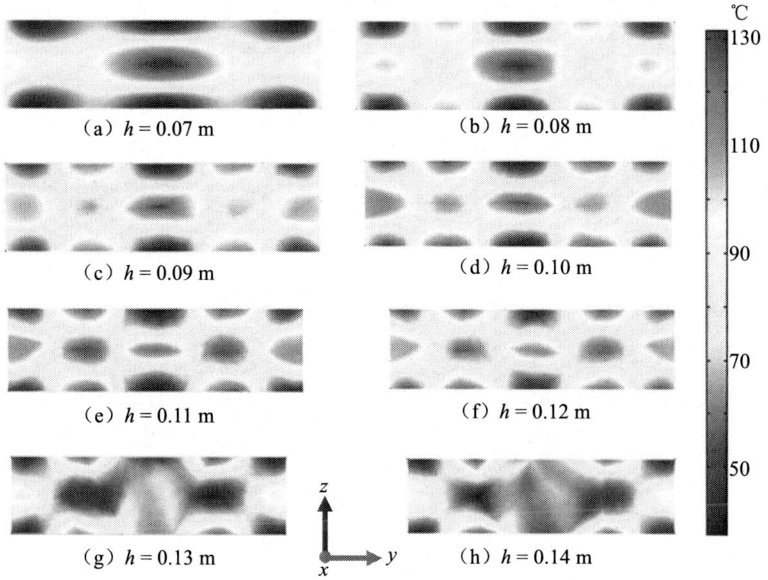

图 3.20　四个微波口馈入不同谐振腔高度时木材中心截面上的温度分布

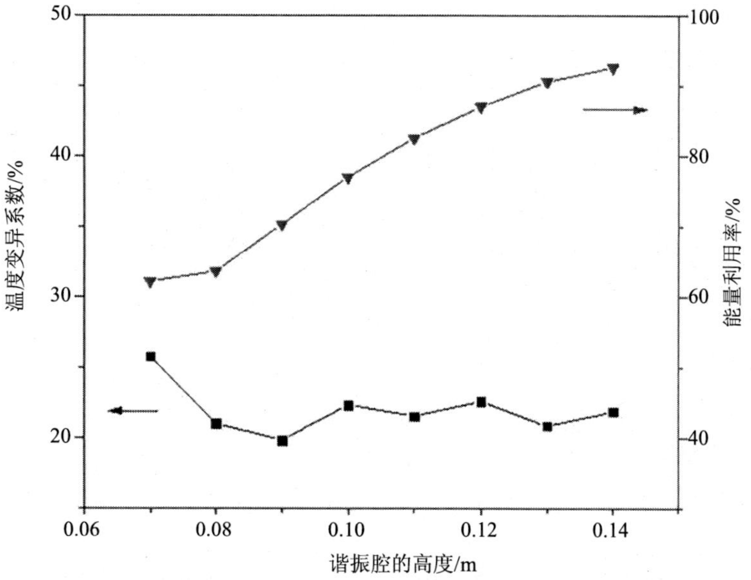

图 3.21　四个微波口馈入温度变异系数、能量利用率与谐振腔高度的关系

对比分析不同谐振腔木材内的温度分布和能量利用率，获得了优化的微波谐振腔型，研究结果表明：

（1）微波馈入方式和谐振腔高度对木材内温度分布均匀性和微波能利用率的影响显著；

（2）在本研究范围内，采用四个微波口馈入方式加热时，木材横截面上的温度分布最均匀，微波能利用效率较高，为三种馈入方式的优选方案，同时进一步确定优化高度为0.08～0.11 m；

（3）在一定的谐振腔高度范围内，能量利用率随着谐振腔高度的增大而升高。

3.3.2 微波斜馈入矩形谐振腔

主要研究了微波斜馈入矩形谐振腔的馈入方式对木材内温度分布均匀性和微波能利用效率的影响规律。

图 3.22 表示了微波馈入方式对木材内温度空间分布的影响规律。从图 3.22 中可以看出：微波馈入的入口处木材内的温度最高，沿着木材纵向，距离微波馈入口中央横截面越远，木材内部的温度越低；侧面馈入时，z 轴方向上下两侧木材内温度分布呈现对称形式；上下馈入时，y 轴方向温度沿中央截面对称分布；沿 x 轴方向，各截面的温度分布模式相差很大。

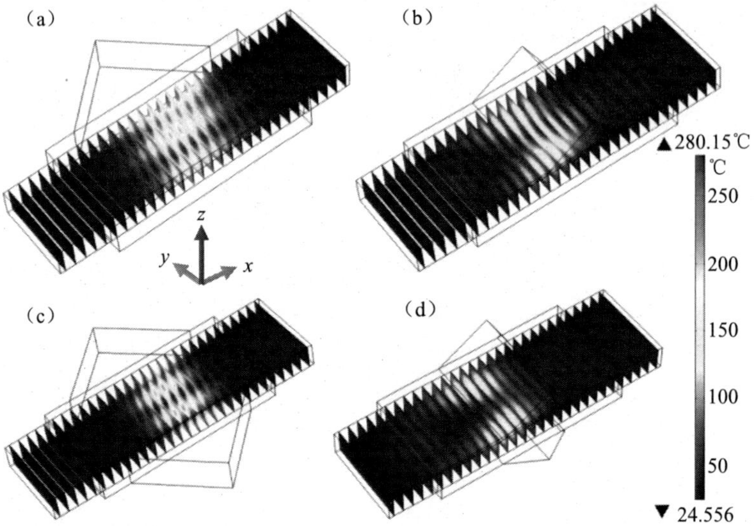

图 3.22 不同馈入方式木材内温度空间分布

（a）、（b）、（c）、（d）分别为侧面一个微波口斜馈入、上面一个微波口斜馈入、双侧两个微波口斜馈入、上下两个微波口斜馈入

由于实际木材微波预处理时，木材沿 x 轴方向移动，木材整体温度分布均匀性在很大程度上取决于温度最高截面，因此，将图 3.22 中微波馈入口中央横截面的温度数据单独抽

取出来（图 3.23），以分别研究其温度分布均匀性。由图 3.23 可知：

（1）对于一个微波口与 *zx* 平面成 45°角的侧面斜馈入（图 3.23a），木材温度分布不对称，较高温度区域在馈入口附近，离微波馈入口越远，木材内温度高低交替衰减分布，温度分布较为不均匀；

（2）对于一个微波口与 *xy* 平面成 45°角上面微波斜馈入（图 3.23b），木材横截面上的温度分布沿 *z* 轴呈对称分布形式，但木材横截面上温度分布的均匀性较差；

（3）两个微波口与 *zx* 平面成 45°角从两侧斜馈入（图 3.23c），温度分布沿 *y* 轴和 *z* 轴对称，木材横截面上有两个对称分布的高温区域，温度分布比较均匀；

（4）两个微波口与 *xy* 平面成 45°角从上下两面斜馈入（图 3.23 d），温度分布沿 *y* 轴和 *z* 轴对称，木材横截面上有两个对称分布的高温较高区域，但周边温度低，温度分布不够均匀。

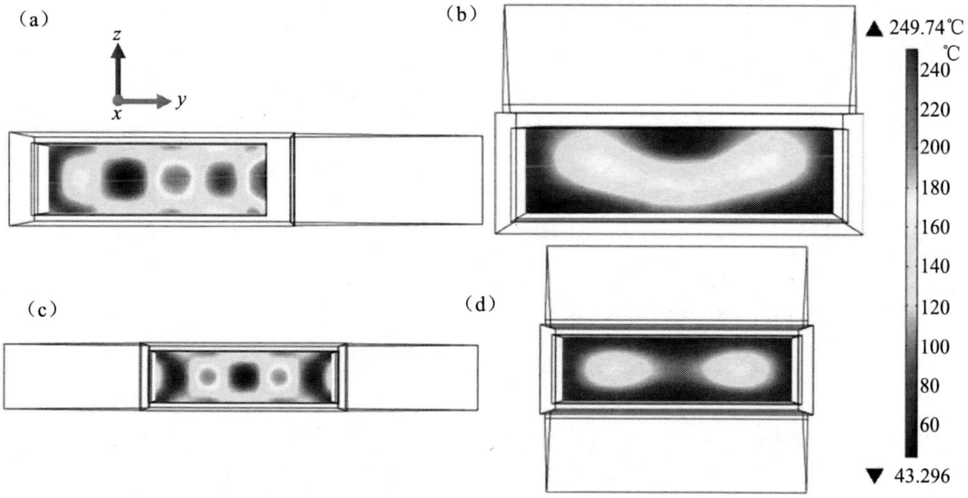

图 3.23　不同馈入方式木材内中央截面温度分布

（a）、（b）、（c）、（d）分别为侧面一个微波口斜馈入、上面一个微波口斜馈入、双侧两个微波口斜馈入、上下两个微波口斜馈入

为定量描述温度分布均匀性，我们对截面温度数据的变异系数进行了计算分析（图 3.24）。图 3.24 显示，双侧面两个微波口斜馈入时，温度变异系数最小，说明温度分布最均匀；其余三种情况温度分布都不够均匀，其中采用上面一个微波口斜馈入时，温度分布的均匀性相对最差。定量分析结果与图 3.23 中定性结果具有很强的一致性。

另外，还探讨了微波馈入方式对微波能量利用率的影响。图 3.24 中还显示，采用双侧两个微波口斜馈入时，微波能量的利用效率最高；而采用上面一个微波口斜馈入时，微波能量的利用效率最低。这说明在上面一个微波口斜馈入时，在谐振腔内微波场发生了严重的干涉现象，形成了“驻波”，使得较大部分的微波能量被“空耗”。

双侧两个微波口斜馈入，整体温度既不过高也不过低，保持在中间水平，中央截面最高温度在 200 ℃左右，低于上面一个微波口斜馈入时的 240℃，最低温度达到 80℃左右，高于上下两个微波口斜馈入时的 60 ℃；能量利用率达到 99.4%，比其余各馈入方式至少高出 17%。综合考虑微波馈入方式对木材横截面温度分布均匀性和微波能利用率两方面的影响因素，可以明显看出，采用双侧两个微波口斜馈入方式加热木材时，木材横截面上的温度分布最均匀，微波能利用效率最高。因此，在设计高强微波预处理装置对矩形原木进行改性处理时，最好采用双侧两个微波口斜馈入方式的矩形谐振腔。

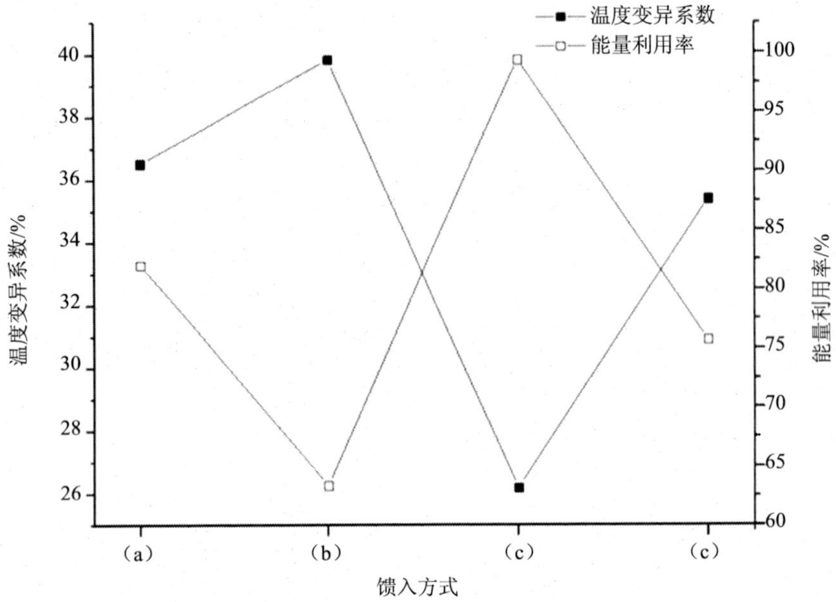

图 3.24 馈入方式对温度变异系数和能量利用率的影响

（a）、（b）、（c）、（d）分别为侧面一个微波口斜馈入、上面一个微波口斜馈入、双侧两个微波口斜馈入、上下两个微波口斜馈入

综合考虑微波谐振腔对木材横截面温度分布均匀性和微波能利用率两方面的影响因素：得到如下结论：

（1）微波馈入方式对木材内温度分布均匀性和微波能利用率影响显著；

（2）与侧面一个微波口斜馈入、上面一个微波口斜馈入和上下两个微波口斜馈入相比，采用双侧两个微波口斜馈入方式加热时，木材内横截面上温度分布最均匀，微波能利用效率最高。

3.3.3　微波与木材的耦合规律

首先，经过有限元分析方法模拟计算后得到了各谐振腔内的电场分布，分析电场分布可验证模拟的正确性，同时初步分析木材内温度分布均匀性。图 3.25 和图 3.26 中电场为标准电场，即 *x*、*y*、*z* 轴各方向电场平方和的平方根，标准电场不用考虑电场方向，能反映各点的综合电场强度。

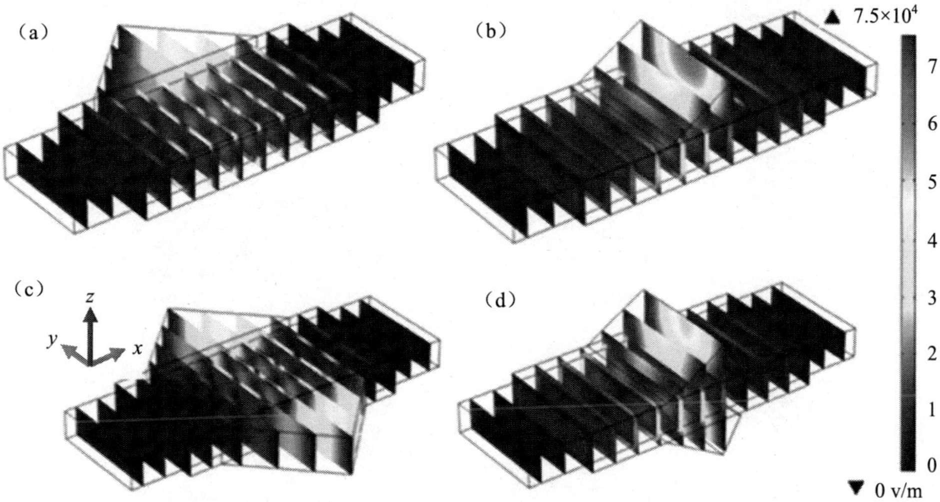

图 3.25　各种馈入方式腔体内电场分布

(a)、(b)、(c)、(d) 分别为侧面一个微波口斜馈入、上面一个微波口斜馈入、双侧两个微波口斜馈入、上下两个微波口斜馈入

图 3.25 显示，在所有斜馈入方式中，电场整体上在斜馈入口附近是最强的，其强度分布呈圆形扩散，沿着斜馈入方向迅速减弱，这符合电场传播规律。侧面斜馈入时[图 3.25 (a)、(c)]电场沿 *x* 轴方向的衰减速率较上下斜馈入[图 3.25 (b)、(d)]快，能量较多地集中于斜馈入口附近，这是因为侧面斜馈入时木材厚度方向刚好是波导宽度方向，更多的微波能量被木材吸收。侧面斜馈入时在木材与腔体上下空隙处形成高电场强度的区域，并且电场呈相对强弱相间分布，这是因为空气的介电常数远小于木材，电场在空气中衰减少，同时侧面一个微波口斜馈入时入射波与反射波形成干涉，双侧两个微波口斜馈入时两入射波形成干涉。

图 3.26 显示，木材内的电场强度较空气区域低，在木材与腔体内壁角度变化大的区域[图 3.26 (a)]和空隙狭窄处的电场强度远大于木材内部，但是这些区域与木材接触处的电场并不高，这是因为这些区域的电场方向并不指向木材内部。图 3.26 (a)、(c) 显示木材内电场强度分布并不是沿着馈入口方向逐渐减弱，而是呈余弦函数强弱变化，这是因为微

波能穿透一定厚度的木材，在木材内部某一区域与另外一个方向的微波叠加。图 3.26（b）、（d）中木材内 x 轴方向中部电场强度较两边低，这是因为木材宽度方向为馈入口宽度方向，微波馈入时向两边扩散。从图 3.26 还可以看出，在中央截面上，侧面斜馈入比上下斜馈入的电场强度大，与图 3.25 中电场强度分布结合分析，根据坡印廷定理，物质吸收的能量与电场强度的平方成正比，可推测侧面斜馈入时能量利用率应该较高；其中图 3.26（c）电场强度对称分布，均匀性好，同理可推测其温度分布均匀性同样较好，实际情况取决于下面的温度分布和能量利用率数据分析。

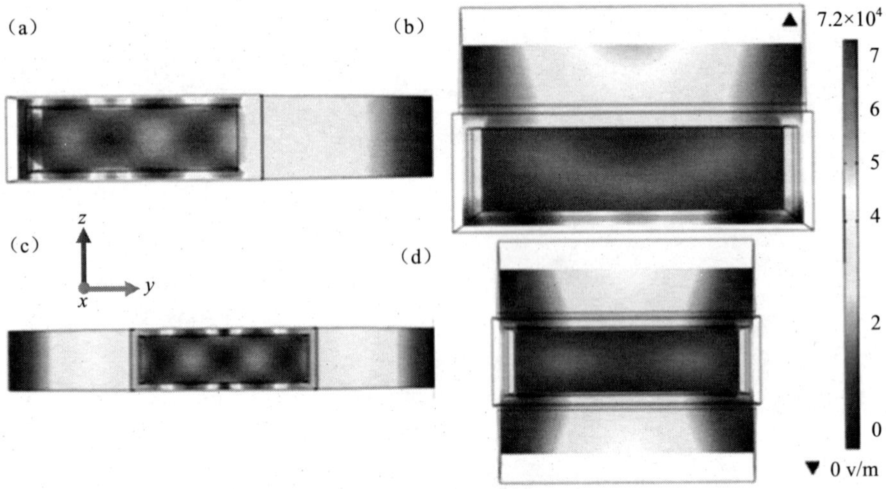

图 3.26 各种馈入方式腔体内中央截面电场分布

（a）、（b）、（c）、（d）分别指单口侧面斜馈入、单口上方斜馈入、双口侧面斜馈入、双口上下斜馈入

空腔谐振时，微波在波导和谐振腔内的分布由麦克斯韦电磁波方程组和金属腔壁边界条件决定。综合以上分析，将谐振腔中微波与木材耦合规律总结如下：

（1）木材的介电常数远大于空气，微波能量集中在木材中。

（2）由于微波具有一定穿透深度，微波能量渗透到木材内部，能量分布在木材内部高温区域。

（3）只有小于波导截止波长的微波才能在内部传播，即微波能否传播取决于波导的宽度。

（4）木材与空气本质一样，都是电磁波传播的介质。微波同样按其规律在木材中传播，但是微波能衰减快，电场强度较低。

第四章　木材微波预处理实验研究

本章利用一个微波口和两个微波口馈入谐振腔设备，对不同含水率进行加热处理，在加热过程中用测温仪对木材内部不同区域温度进行测量，得到不同含水率木材在微波加热过程中的温度分布，从而得到在不同微波馈入方式下的不同含水率木材内部温度分布规律。

4.1　微波木材加热实验

4.1.1　一个微波口馈入木材横纵向温度分布与干燥速率对比实验

本节主要研究横纵馈入方向对木材温度分布与干燥速率的影响。实验采用 4 块 100 mm×100 mm×25 mm 的木材（含水率 110%）。具体实验操作如下：

（1）两块木材沿纵向均匀钻 4 孔（孔的直径 1 mm，深度 1.25 mm，首末两孔距离木材边缘均为 5 mm），用铅笔在木材上编号为 1 号、3 号，另外两块木材沿横向钻 4 孔，用铅笔在木材上编号为 2 号、4 号。

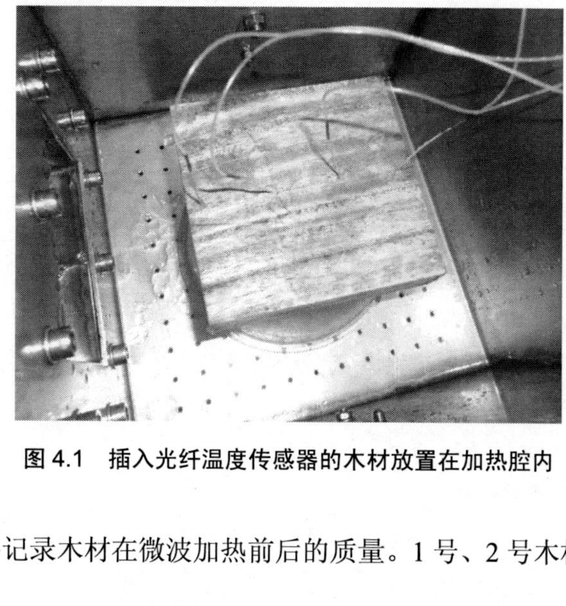

图 4.1　插入光纤温度传感器的木材放置在加热腔内

（2）准确称量并记录木材在微波加热前后的质量。1 号、2 号木材分两次用微波辐射，每次辐射时间 2 min，同时将光纤温度传感器插入木材孔中，利用计算机实时记录温度变化。1 号、2 号用于对比分析同样处理条件下木材横纵向的温度分布与干燥速率。

图 4.2　测量木材内部温度的光纤温度测量仪

（3）3 号、4 号木材各采用微波辐射一次，辐射时间为 4 min。3 号、4 号木材主要用于与 1 号、2 号进行对比，研究同样辐射能量下，辐射次数的增加是否有利于加快木材的干燥速率，3 号、4 号木材同时也反应了横纵向木材温度从快速升温到恒温再到升温的过程，提供更多温度分布方面的数据。

（4）木材钻测温孔如图 4.3，木材沿直线均匀钻 4 个孔（孔的直径 1 mm，深度 1.25 mm，首末两孔距离木材边缘 5 mm），4 个孔分别为 4 个测温点，标识为 1、2、3、4。木材位于加热腔的正中心。

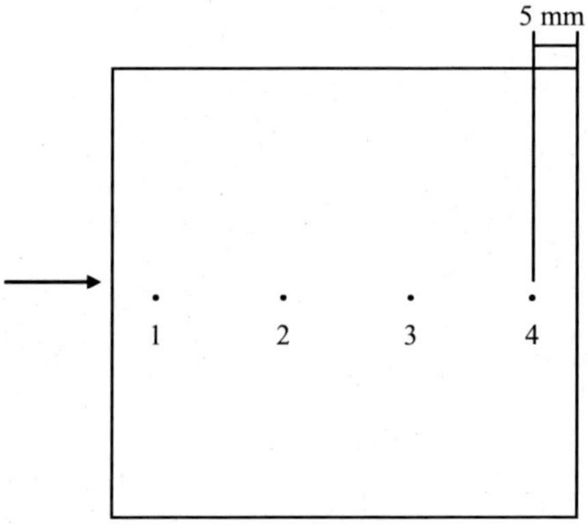

图 4.3　一个微波口馈入及方块木材 4 个测温点分布图

表 4.1 表示经过两次分散处理与一次长时间连续处理后木材的质量变化。实验时木材内温度实测（图 4.4～图 4.9）。

表 4.1　实验前后木材质量变化

木材编号	实验前质量/g	2 min 辐射后的质量/g	再次 2 min 辐射后的质量/g	减少质量/%
1（纵）	252	206	157	37.7
2（横）	258	214	165	36.0
		连续辐射 4 min 后的质量/g		
3（纵）	255	146		42.7
4（横）	242	134		44.6

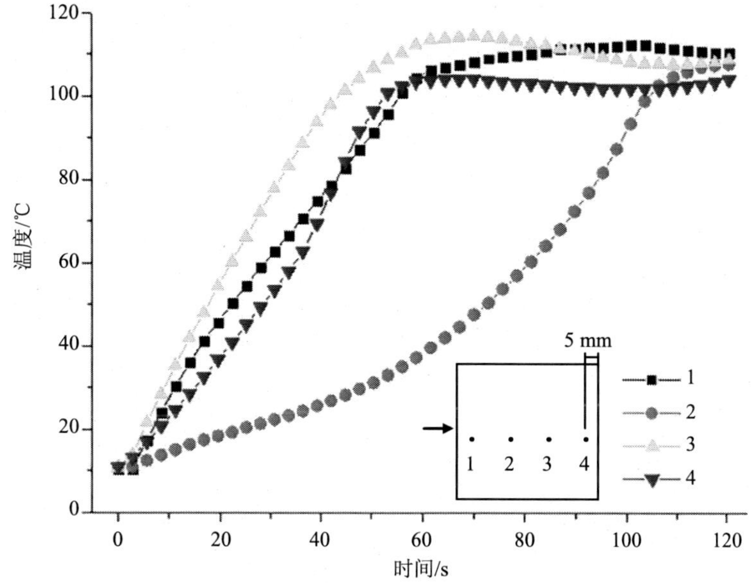

图 4.4　1 号木材纵向馈入 2 min 木材内部温度变化

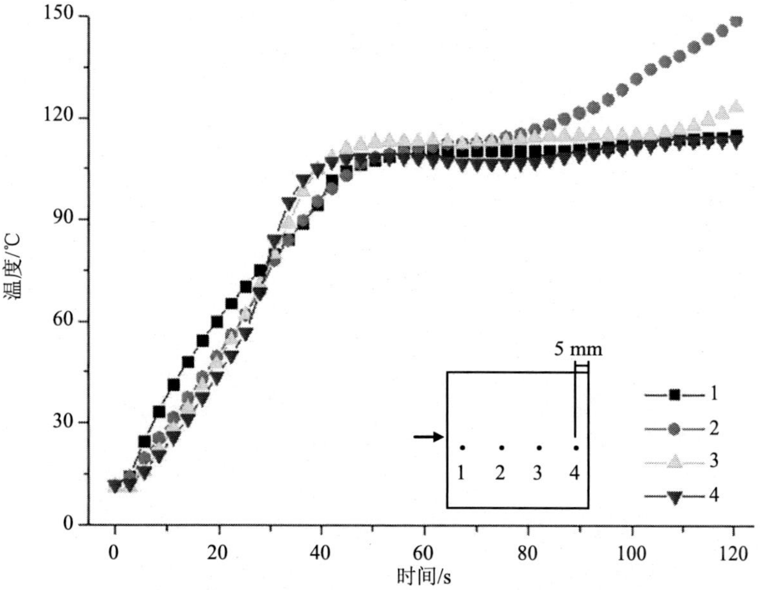

图 4.5　1 号木材再次纵向馈入 2 min 木材内部温度变化

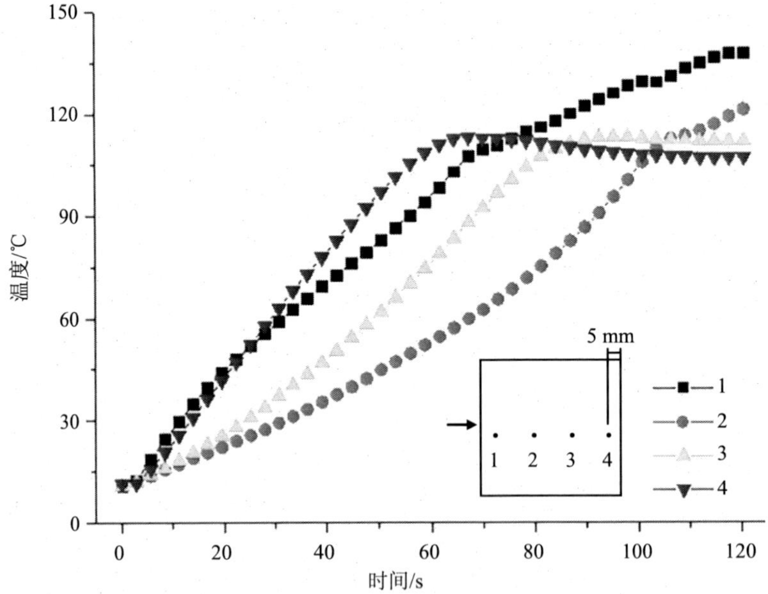

图 4.6　2 号木材横向馈入 2 min 木材内部温度变化

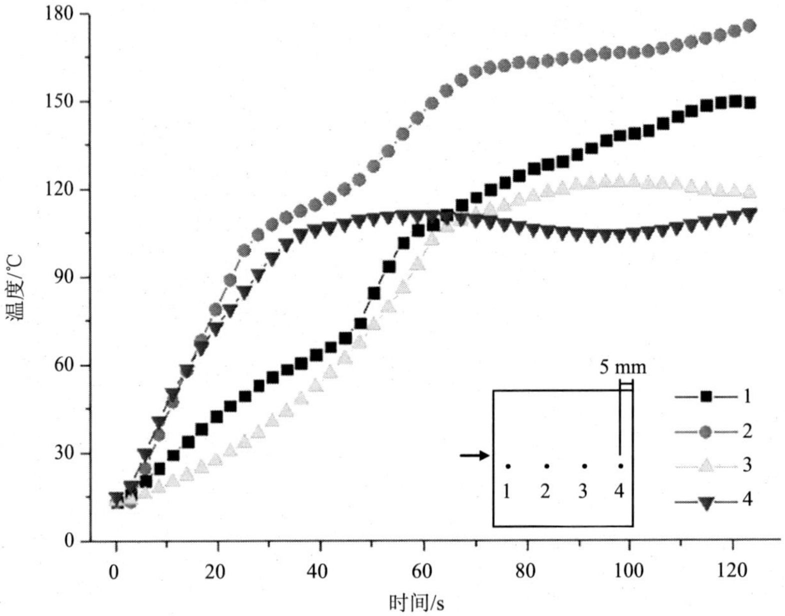

图 4.7　2 号木材再次横向馈入 2 min 木材内部温度变化

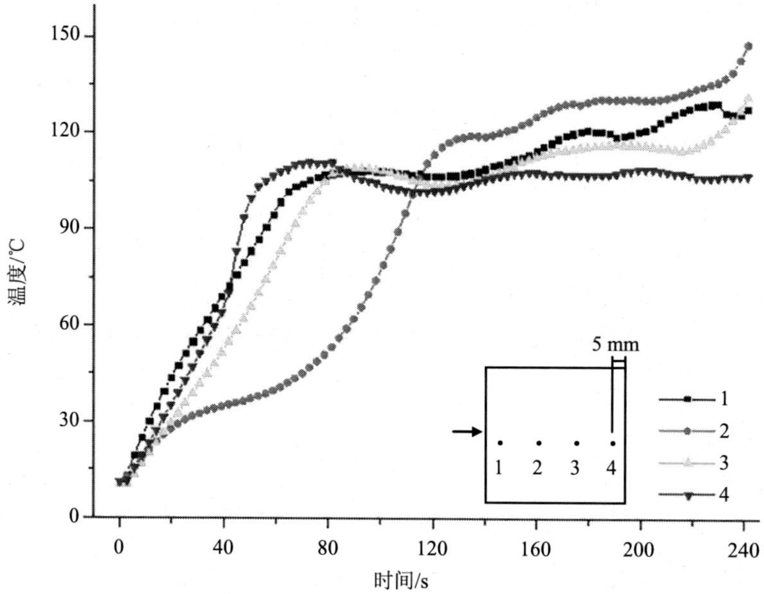

图 4.8　3 号木材横向馈入 2 min 木材内部温度变化

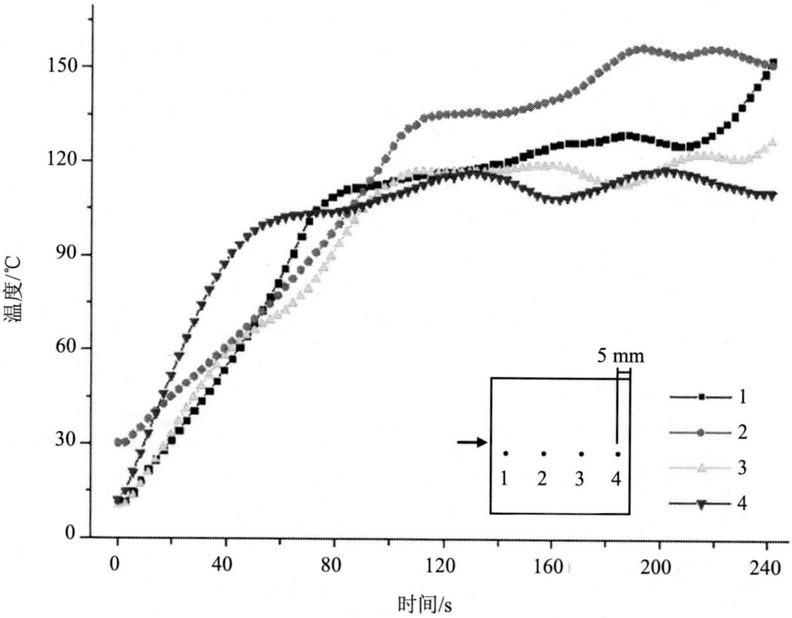

图 4.9　4 号木材纵向馈入 4 min 木材内部温度变化

结合上述数据分析可得出以下规律：

（1）一个微波口馈入辐射能量不变时，分两次微波辐射处理的干燥效率比一次长时间处理的稍低，但是木材变形程度小，整体上考虑还是多次分散处理干燥效果好。间歇性微波辐射不一定能提高干燥效率，这是因为一部分能量用于木材的再次升温，导致用于蒸发水分的能量相对减少。

（2）馈入方向为木材的横向或纵向对木材内初期升温期温度分布影响大，但对干燥效率影响不大。不管馈入方向为木材的横向或纵向，恒温期的温度分布趋向于均匀，纵向比横向温度分布均匀性更好。微波方向与木材内水分散失方向并不能加快木材干燥，增加辐射能量才是关键。

（3）同等条件下，同种木材微波沿不同方向辐射温度分布差别明显（1 号与 3 号、2 号与 4 号对比），说明木材实质上是各向异性的，各种结构缺陷对木材的介电性质影响大，模拟时的误差与未考虑这些问题有关。

（4）升温期温度高的区域在恒温期的温度相对较低（如 1 号、4 号），反之升温期温度低的区域在恒温期的温度相对较高。这是因为升温期温度高的区域水分散失快，导致介电常数减小，吸收微波的能力降低。

4.1.2 各微波口馈入木材横纵向温度分布与干燥速率对比实验

本节研究各种馈入方式对木材横纵向温度分布与干燥速率的影响规律。实验选用 4 块 100 mm×100 mm×25 mm 的方形杨木和 4 块直径 113 mm 厚度 25 mm 的圆形杨木。具体实验操作如下：

（1）测含水率：木材初重 80 g，干重 73 g，含水率 9.9%。考虑到整块木材是密封保存的，各部分含水率应相差不大，故取其含水率近似为 10%。

（2）木材钻测温孔：如图 4.10 所示，木材沿直线均匀钻 4 个孔（孔的直径 1 mm，深度 1.25 mm，首末两孔距离木材边缘为 5 mm），4 个孔分别为 4 个测温点，标识为 1、2、3、4。木材位于加热腔的正中心。

（3）准确称量并记录木材在放进加热腔前和取出冷却后的质量。将光纤温度传感器插入木材孔中，利用计算机实时记录温度变化。每个馈入口的功率均是 1.5 kW，四个微波口馈入总功率为 6 kW。对比分析同样处理条件下木材横纵向的温度分布与干燥速率。

通过一系列实验获得如下结果：

（1）木材微波处理方式和处理前后质量变化（表 4.2）；

（2）各微波口馈入处理时木材温度分布如图 4.11～图 4.18 所示。

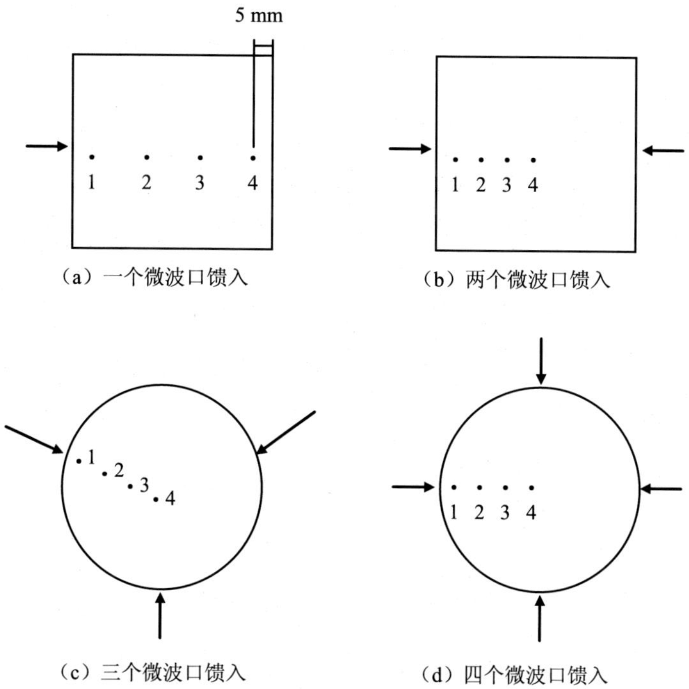

图 4.10　微波馈入方式及木材测温点分布图

表 4.2　不同馈入方向木材质量的变化

馈入谐振腔微波口数	输入功率/kW	处理时间/s	方向	实验前质量/g	实验后质量/g	质量减少/%
一个口	1.5	34	纵	191	189	1.05
			横	193	192	0.52
两个口	3.0	34	纵	190	187	1.58
			横	189	189	0
三个口	4.5	17	纵	199	193	3.02
			横	200	193	3.50
四个口	6.0	14	纵	192	191	0.52
			横	198	196	1.01

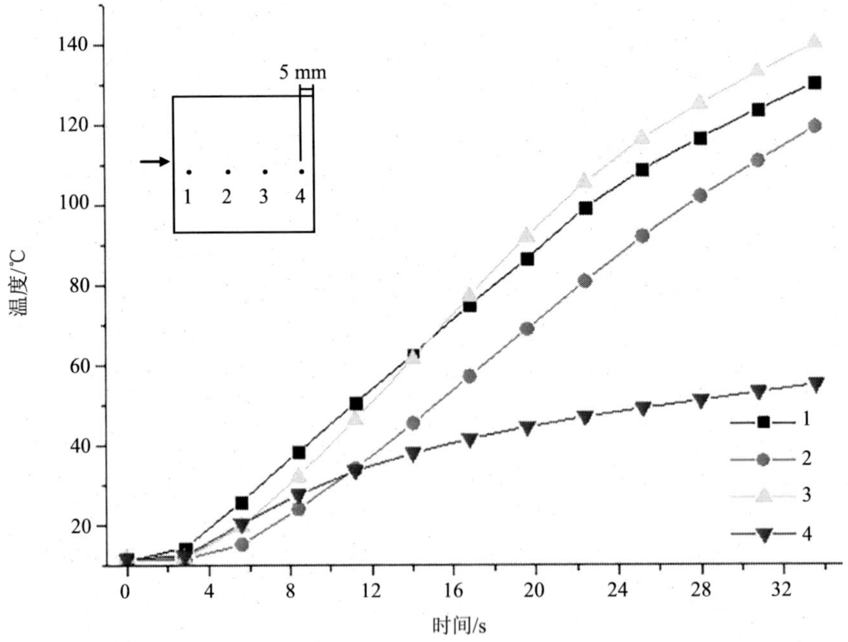

图 4.11 一个微波口横向馈入木材内部温度变化

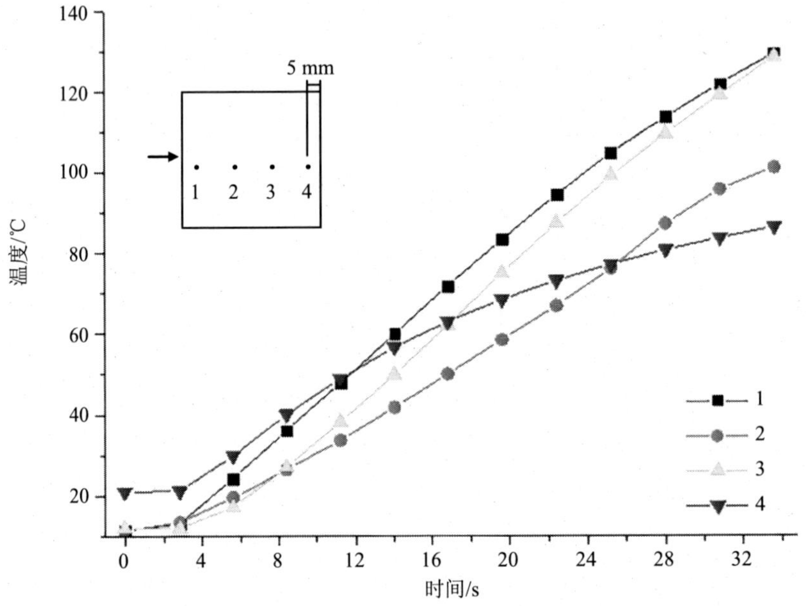

图 4.12 一个微波口纵向馈入木材内部温度变化

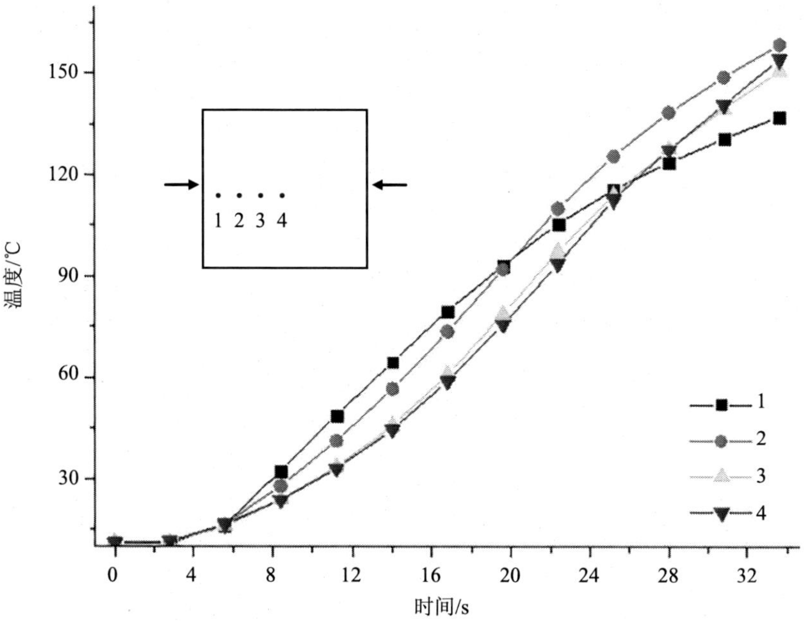

图 4.13 两个微波口横向馈入木材内部温度变化

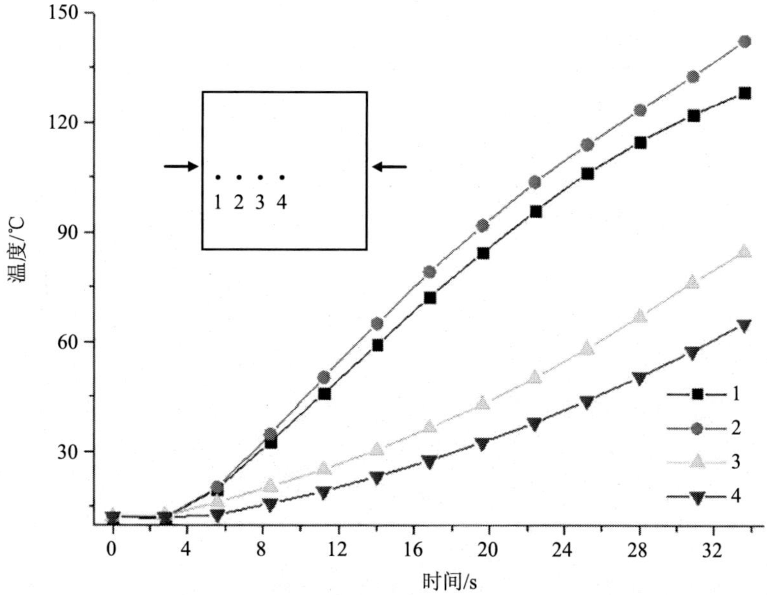

图 4.14 两个微波口纵向馈入木材内部温度变化

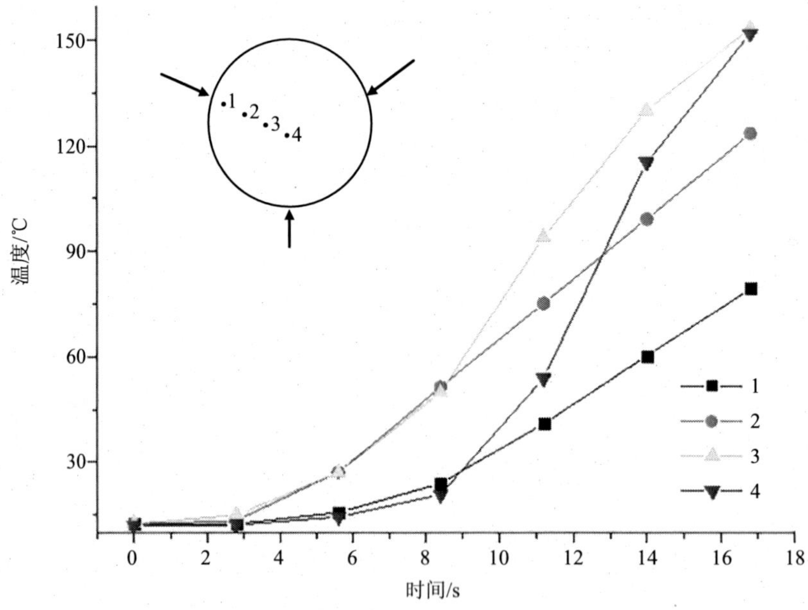

图 4.15 三个微波口横向馈入木材内部温度变化

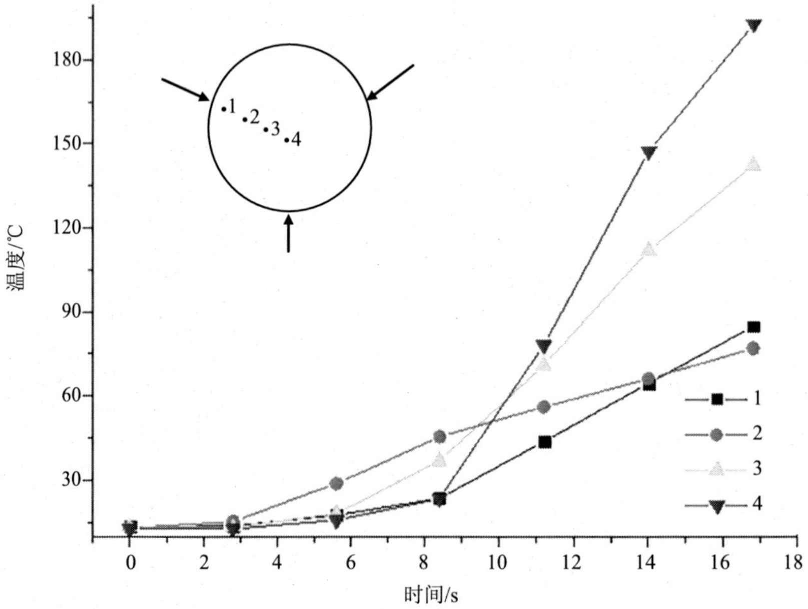

图 4.16 三个微波口纵向馈入木材内部温度变化

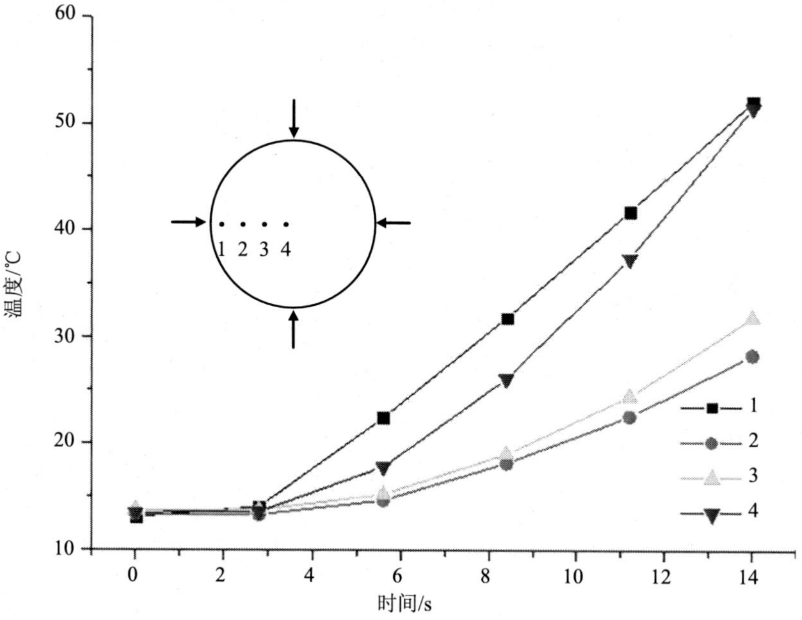

图 4.17　四个微波口横向馈入木材内部温度变化

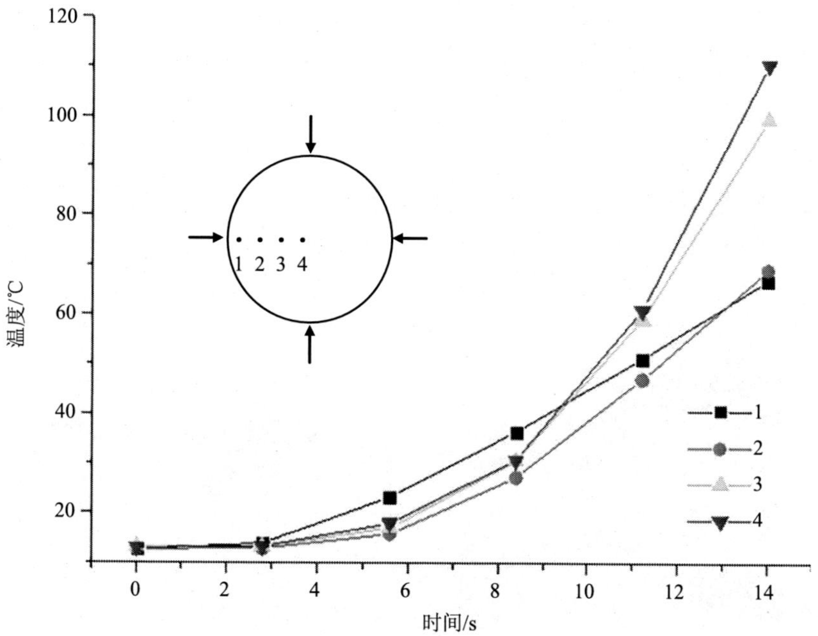

图 4.18　四个微波口纵向馈入木材内部温度变化

结合四种馈入方式干燥速率与温度分布实验数据，得出实验结论。

（1）一个微波口、两个微波口谐振腔纵向失水快，这是因为微波馈入方向为水分移动最快的方向，有利于水分的蒸发和排出；

（2）短时间微波处理水分基本保持不变，这是因为木材在短时间内吸收的微波能主要用于温度的升高；

（3）一个微波口馈入处一定距离内温度上升基本一致，木材中心的温度较低，这是因为微波能在木材内是逐渐衰减的，表面到木材中心的距离大于该频率微波的穿透深度；

（4）两个微波口横向温度分布非常均匀，纵向时远离馈入口温度降低，降低梯度较为稳定，这与木材横纵向介电常数的差异有关，两个微波口馈入时木材横向放置有利于木材的均匀微波预处理与干燥，是一个优选方案；

（5）三个微波口、四个微波口中心区域比边缘区域升温快，纵向比横向升温快，这是因为三个微波口、四个微波口馈入时，中心区域为各馈入微波的干涉加强区域，能量集中，温度上升快；

（6）在馈入相同能量的条件下（例如，一个微波口馈入时时间取 34 s，两个微波口馈入时时间取 17 s，三个微波口馈入时时间取 8.5 s，四个微波口馈入时时间取 4.3 s），随着馈入功率的增加，温度上升幅度降低，这说明大功率在一定程度上会造成大损耗，不利于木材对微波能量的充分吸收。

4.2 木材温度实验与模拟对比分析

部分实验与模拟的直观对比图如图 4.19、图 4.20 所示。从图 4.19 和图 4.20 中可以看出，一个微波口和四个微波口馈入实验与模拟结果温度分布基本相符。但这些结果只是表观的，为了更科学严谨地对比分析，测量了木材内部温度，并与模拟结果中相应位置温度做了数值比较。

图 4.19 一个微波口馈入实验与模拟温度表观对比

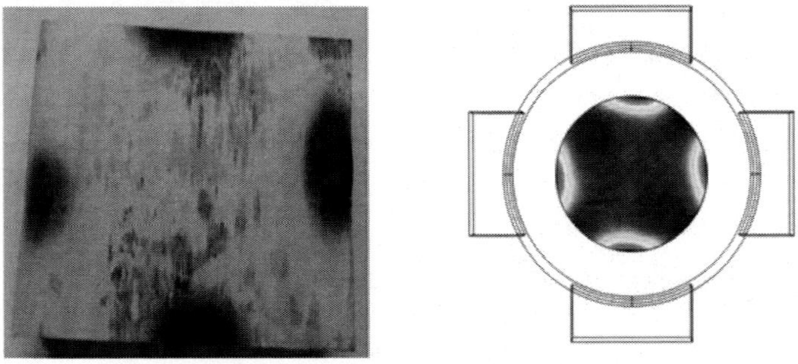

图 4.20　四个微波口馈入实验与模拟温度表观对比

选取木材加热某一时刻实验所测的四个点位置和模拟结果中相应位置的温度值，用作图软件 Origin 做出温度对比图形。实验时只能同时测量四个点，因此只能用线条将四个点连接，形成一条木材上四点所在直线的近似温度分布曲线。模拟时单元格划得比较小，相应直线上温度值较多，可直接连接成曲线（图 4.21～图 4.24）。

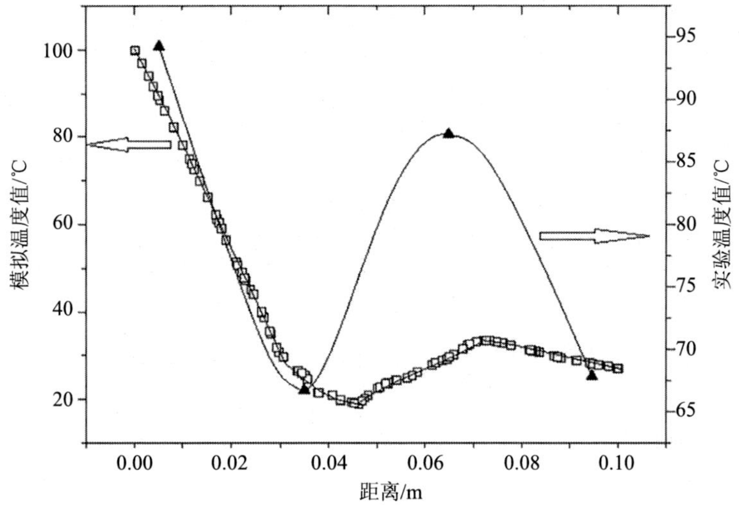

图 4.21　一个微波口馈入实验与模拟温度对比

从图 4.21 可以看出，一个微波口馈入实验与模拟温度分布整体趋势类似，都在第二点和第三点处分别有一个低谷和高峰。这说明理论与实验基本上还是相符的，足够精确的模型可以用来仿真实验。只是第三点实验测量值较模拟值高出 27℃左右，使得该高峰更为凸出。实验时高峰更为凸出的原因可能是木材内部含水率的改变和周围水蒸气的存在改变了初始电磁场的分布，而模拟时没有考虑这些因素，所以就导致了上述误差。这个更为凸出的高峰使得木材内部温度分布均匀性比模拟结果更差，充分验证了木材内部温度分布的不均匀性。图 4.21 还显示，一个微波口馈入时模拟结果和实验温度分布左右不存在对称性，这是因为对于木材只在左边方向有微波馈入。

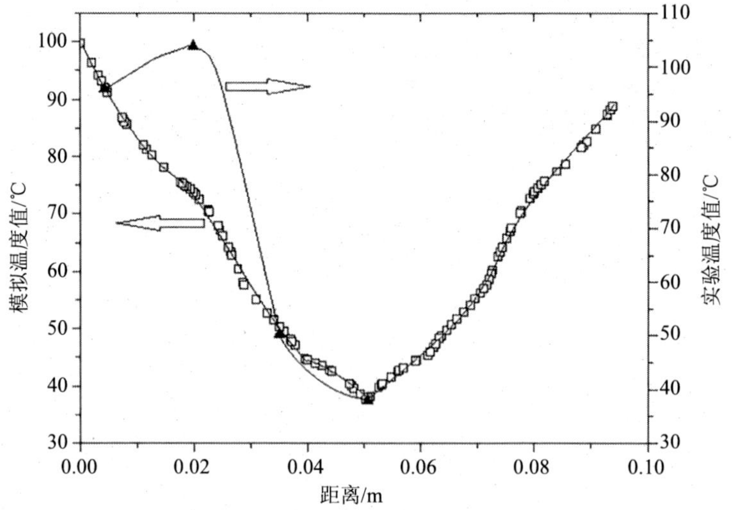

图 4.22　两个微波口馈入实验与模拟温度对比

图 4.22 显示，两个微波口馈入实验与模拟温度分布整体上都是呈离馈入源越远温度越低的分布趋势。这说明两个微波口馈入时理论与实验很大部分是相符的，只是第二点实验测量值较模拟值高出 25℃左右，形成一个凸出的高峰，而模拟结果没有高峰，近似呈直线下降趋势。与一个微波口馈入类似，实验时温度分布跳动较大，容易形成局部高温区域。实验时形成凸出的高峰的原因可能是微波可以穿透一定深度的木材，导致木材内部某些位置温度可能比表面更高。图 4.22 还显示，两个微波口馈入时模拟结果温度分布左右对称，这是因为在木材左右方向有对称的微波馈入。

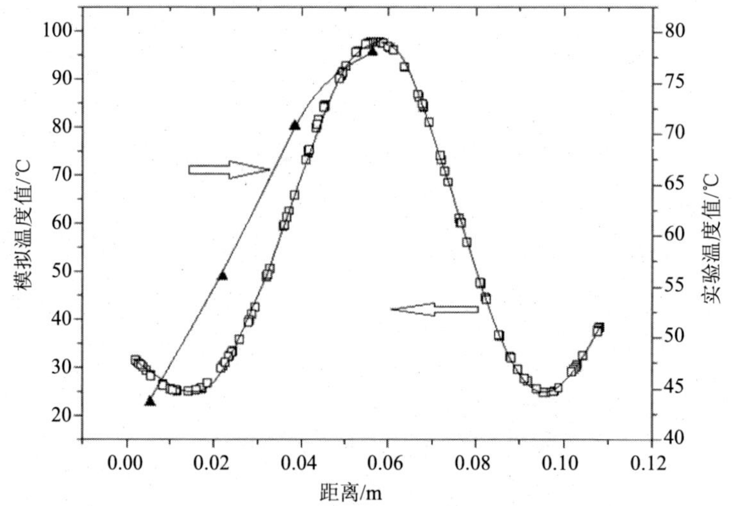

图 4.23　三个微波口馈入实验与模拟温度对比

从图 4.23 可以看出，三个微波口馈入实验与模拟温度分布变化趋势基本相同，都随着离馈入口的距离增加而快速上升。这与一个微波口、两个微波口馈入温度变化趋势相反，同时三个微波口馈入实验值与理论值非常相符，实验验证了模拟结果的准确性。只是实验温度分布直线上升，第二点实验值较模拟值高出 24℃左右，未出现模拟结果所示的小型波谷。实验时第二点处未出现小型波谷的原因可能是测量位置点不够多，未包括模拟结果所示波谷部分，当然位置点够多是否会出现波谷还有待进一步实验验证。图 4.23 还显示，三个微波口馈入时模拟结果温度分布基本上左右对称，这是因为在木材内部电磁场强度分布呈圆环形，直径上温度分布都是左右对称。

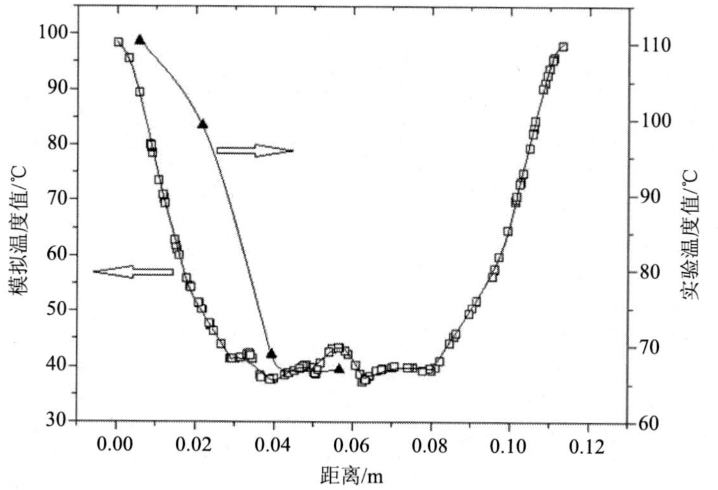

图 4.24　四个微波口馈入实验与模拟温度对比

图 4.24 显示，四个微波口馈入与两个微波口馈入类似，模拟结果温度分布左右对称，实验与模拟温度分布整体上都是呈离馈入源越远温度越低的分布趋势。这说明四个微波口馈入时理论与实验很大部分是相符的，只是第二点实验测量值较模拟值高出 37℃，温度下降速率先慢后快，而模拟结果温度下降速率先快后慢。实验时温度下降速率先慢后快的原因可能是木材内部水蒸气的存在使微波可以渗透到木材内部更深处，导致木材内部离馈入源不远处能量的衰减没有模拟结果衰减快，表面内部有一段高温区。图 4.24 还显示，四个微波口馈入时模拟结果温度分布基本上左右对称，这是因为在木材左右和前后方向都有对称的微波馈入。

4.3　木材微波处理中含水率对温度分布影响规律

本实验所用试材为速生人工林杨树木材，采自湖南益阳。锯材规格为 600 mm（长）×200 mm（宽）×100 mm（厚），无明显可见缺陷。试验时，将锯材加工成断面尺寸为 150 mm（长）×150 mm（宽）×25 mm（厚）的四面光标准规格试件。

实验过程中，采用的仪器设备有：（1）自制的一个微波口馈入微波谐振腔（微波输入额定功率为 1.5 kW）和两个微波口馈入微波谐振腔（微波输入额定功率为 3.0 kW），如图 4.25 所示；（2）光纤测温仪。

图 4.25　实验室微波谐振腔设备

具体实验步骤如下：

（1）将一整块杨木切割成大小相同的 150 mm×150 mm×25 mm 的木块，选取 12 块木材，并分组放入鼓风干燥箱中，分别设定不同的烘干时间，得到不同含水率木材。选择其中两块木材作为对照组，置于 103±2℃烘箱中烘至绝干。

（2）用电子天平准确称量各试件的质量，根据木材绝干质量反算出各试件的含水率。将木材进行编号，用于一个微波口馈入木材的编号为：1-1、1-2、1-3、1-4、1-5；用于两个微波口馈入木材的编号为：2-1、2-2、2-3、2-4、2-5。

（3）在木材上分别钻取 4 个孔（孔的直径为 1 mm，深度 12.5 mm），并标记 4 个孔编号为 1、2、3、4，分别用于一个微波口馈入实验和两个微波口馈入实验（如图 4.26）。

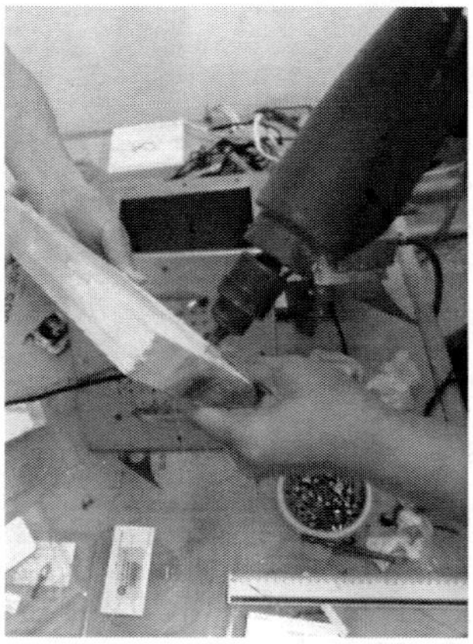

（a）在木材上钻取 4 个不同位置小孔

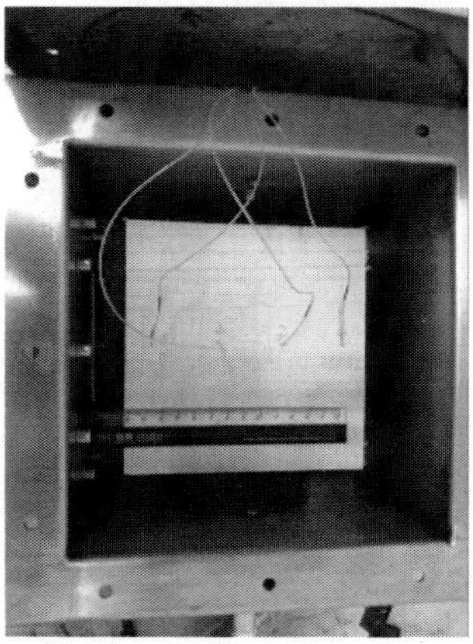

（b）光纤插入木材中

图 4.26　木材试件制备

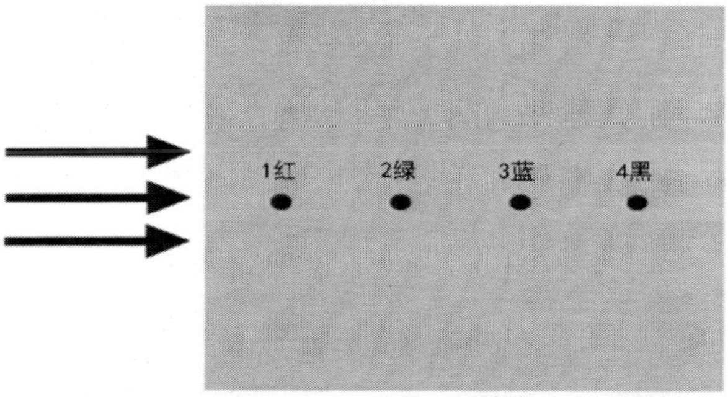

（a）一口馈入

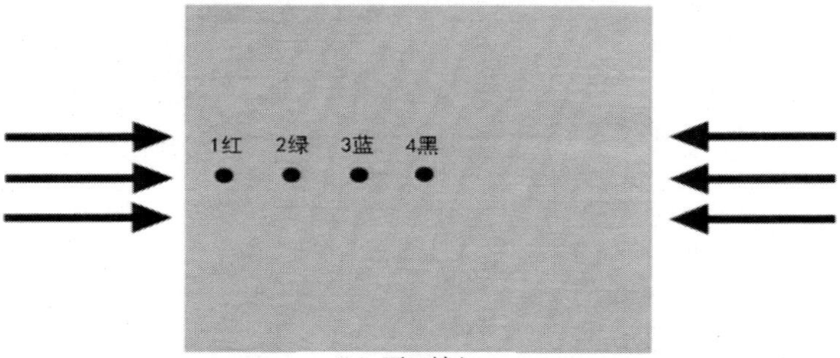

（b）两口馈入

图 4.27　一个微波口和两个微波口馈入测温点分布

（4）将标记后并钻孔的木材插入光纤测温线，连接计算机。

（5）将木材放入微波谐振腔设备，开启设备，进行微波加热。

（6）实验结束，称量并记录微波干燥后木材的质量，观察木材内部温度变化，记录每个点的温度数据。

4.3.1 一个微波口馈入谐振腔加热不同含水率木材温度分布规律

（1）微波干燥实验前后不同含水率木材质量变化

从表 4.3 可以看出，在加热木材到相同温度时，含水率高的木材减少的质量大，含水率低的木材减少的质量少，说明木材内含水率对木材内温度的升高有显著的影响。

表 4.3 一个微波口馈入处理不同含水率木材前后质量变化

木材编号	1-1	1-2	1-3	1-4	1-5
实验前质量/g	237.2	263.6	305.5	359.5	437.0
实验前含水率/%	29.1	43.4	66.2	95.6	137.8
实验后质量/g	224.9	197.4	234.0	258.1	266.7
质量减少/g	12.3	66.2	71.5	101.4	170.3

（2）各含水率木材微波处理时温度分布

图 4.28～图 4.32 为编号 1-1～1-5 的木材在一个微波口馈入处理时，各馈入点的温度随时间的变化图。

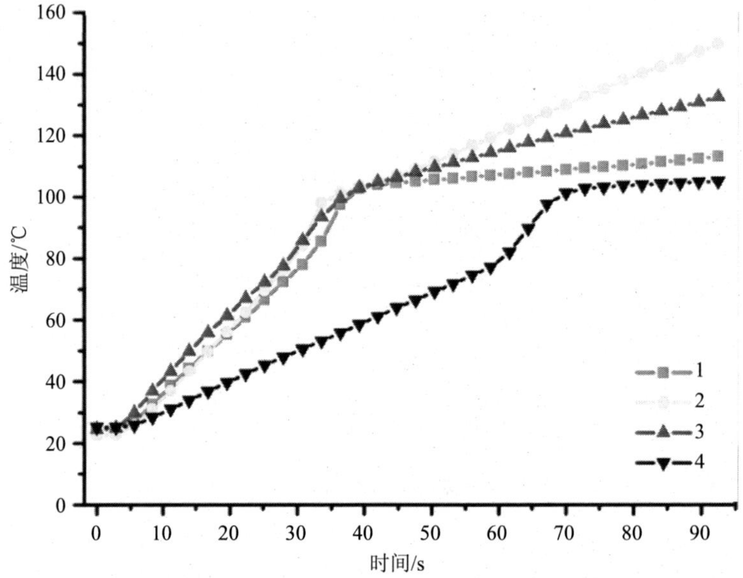

图 4.28 编号 1-1，含水率 29.05%木材 4 个测温点温度随时间变化

图中 1、2、3、4 分别对应图 4.27（a）中测温点温度

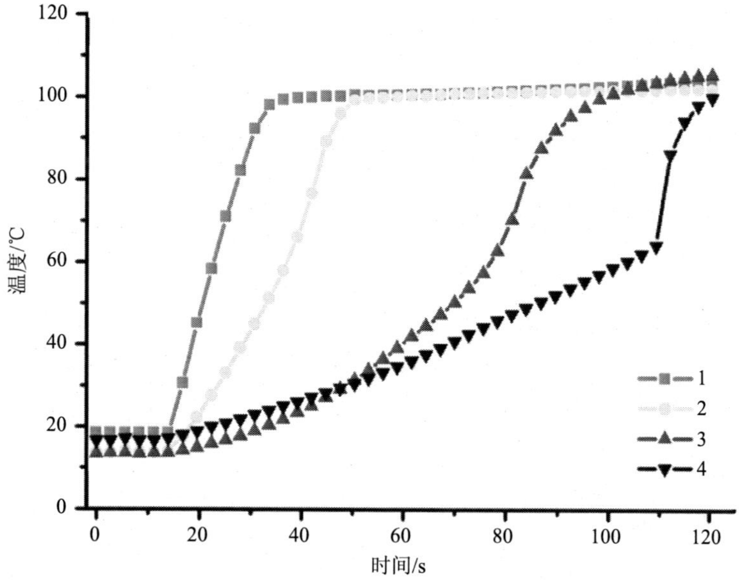

图 4.29 编号 1-2，含水率 43.42%木材 4 个测温点温度随时间变化

图中 1、2、3、4 分别对应图 4.27（a）中测温点温度

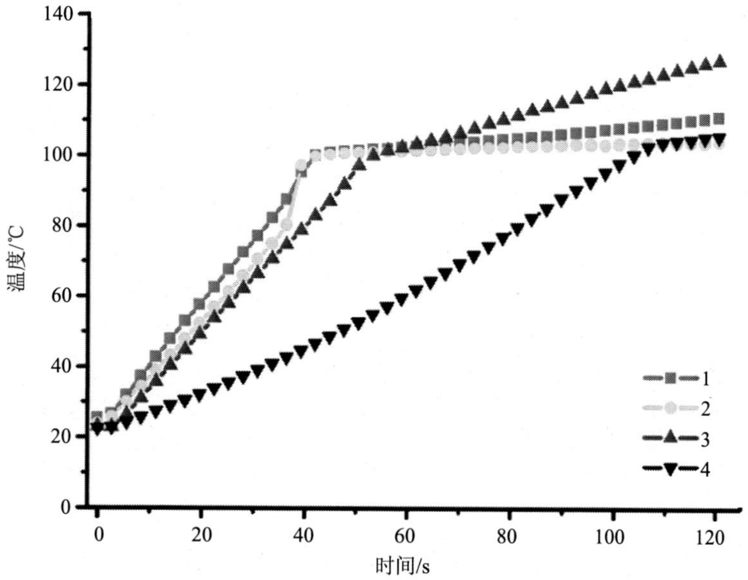

图 4.30 编号 1-3，含水率 66.21%木材 4 个测温点温度随时间变化

图中 1、2、3、4 分别对应图 4.27（a）中测温点温度

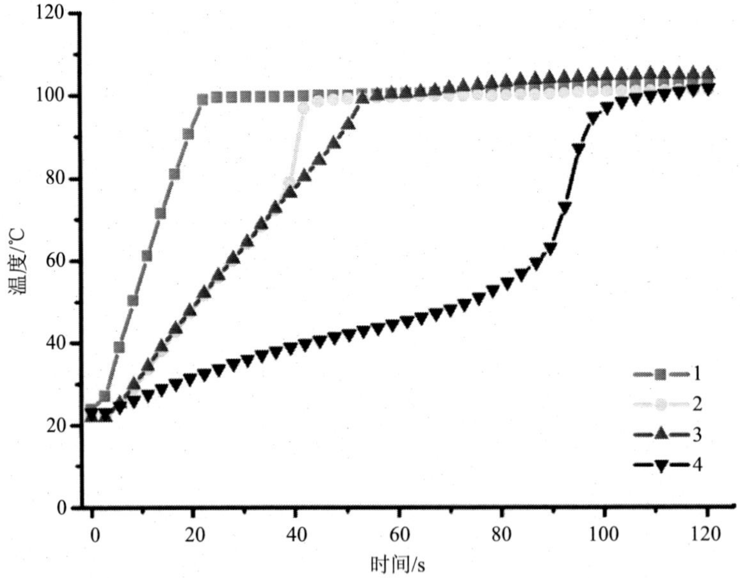

图 4.31 编号 1-4，含水率 95.59%木材 4 个测温点温度随时间变化

图中 1、2、3、4 分别对应图 4.27（a）中测温点温度

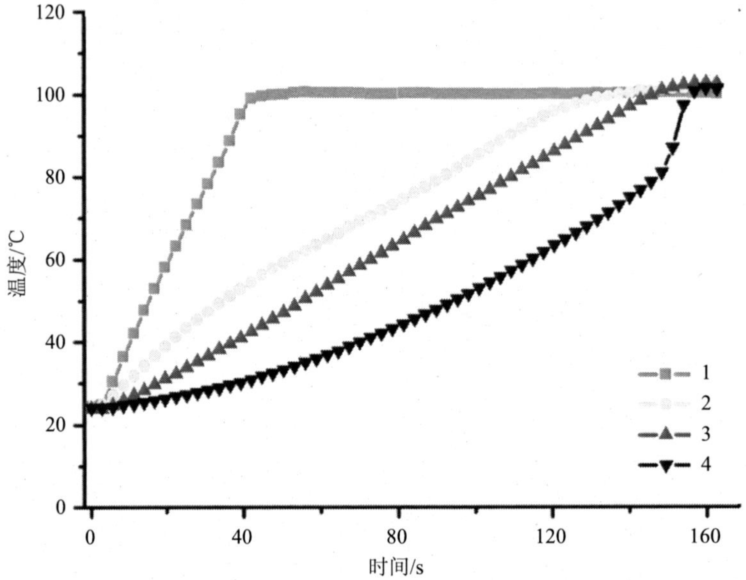

图 4.32 编号 1-5，含水率 137.76%木材 4 个测温点温度随时间变化

图中 1、2、3、4 分别对应图 4.27（a）中测温点温度

从图 4.28～图 4.32 可以得出，木材含水率为 29.05%时（图 4.28），木材前端与中间温度升高基本相同，温度分布较均匀，而远离波导口端温度升高较慢；木材含水率为 43.42%时（图 4.29），木材 4 个测温点温度升高差异性较大，4 个点温度升高的时间不同，温度分布不均匀；木材含水率为 66.21%时（图 4.30），与含水率为 29.05%的木材极为相似，靠近波导口端与中间温度升高时间基本一致，而远离波导口端温度升高较慢，而且比含水率 29.05%%的木材所用时间更长；木材含水率为 95.59%时（图 4.31），木材靠近波导口端温度升高最快，而中间两个测温点温度升高基本一致，前端测温点温度升高远快于后面 3 个测温点（图 4.31），而后面 3 个测温点温度达到 100℃所用时间相差不大。

综上所述，我们可以看出，在一口馈入微波加热不同含水率木材的过程中，含水率对木材内温度分布影响较大，含水率较低时，木材 4 个测温点达到 100℃所用时间相差不大，温度分布较均匀，而随着含水率的增加，靠近波导口端的测温点温度升高明显快于其他测温点。越远离波导口测温点，温度升高所用时间越长。

（3）不同含水率木材各测温点达到蒸发温度 100℃的时间如表 4.4 和图 4.33 中所示，利用一个微波口馈入时，温度升高最快的测温点总是靠近波导口端，温度升高最慢的总是远离波导口端，不同含水率木材 4 个测温点温度升高不同，当含水率较低时，温度升高差距相差不大，但是随着含水率的增加，木材 4 个测温点的温度升高快慢差距越来越显著，在含水率 137.76%达到最大，温度升高最快的测温点与最慢的相差近 120 s，由此我们得出在使用一个微波口馈入时，含水率低的木材干燥所用时间较短并且干燥温度相对较均匀。

表 4.4　最先和最后到达蒸发温度 100℃的测温点及所用时间

木材编号	最先到达 100℃测温点	时间/s	最后到达 100℃测温点	时间/s
1-1	2（绿）	35	4（黑）	70
1-2	1（红）	28	4（黑）	110
1-3	1（红）	42	4（黑）	108
1-4	1（红）	25	4（黑）	110
1-5	1（红）	43	4（黑）	160

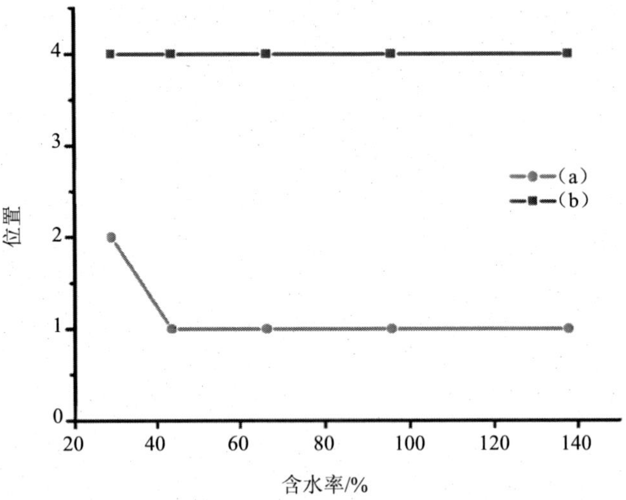

图 4.33 不同含水率木材最先和最后到达蒸发温度 100℃的位置图

（a）表示最先到达 100℃的位置；（b）表示最后到达 100℃的位置

4.3.2 两个微波口馈入辐射不同含水率木材温度分布规律

（1）微波辐射木材实验前后不同含水率木材质量变化

木材进行微波辐射后，质量减少主要为水分的减少。表 4.5 中，通过对比微波辐射实验前后木材质量，可以看出随着含水率的增加，木材在辐射后所减少的水分也增加。在含水率小于 50%时，水分减少较少，而在含水率大于 70%时，水分减少量增加，含水率下降，干燥效果明显。

表 4.5 两个微波口馈入辐射处理不同含水率木材前后质量变化

木材编号	2-1	2-2	2-3	2-4	2-5
实验前质量/g	242.5	272.8	312.9	367.3	446.1
实验前含水率/%	31.9	48.4	70.2	99.8	142.7
实验后质量/g	208.0	225.1	218.5	245.0	304.7
质量减少/g	34.5	47.7	94.4	122.3	141.4

（2）各含水率木材微波辐射处理时温度分布

图 4.34～图 4.38 为编号 2-1～2-5 的木材在一个微波口馈入处理时，各馈入点的温度随时间的变化图。

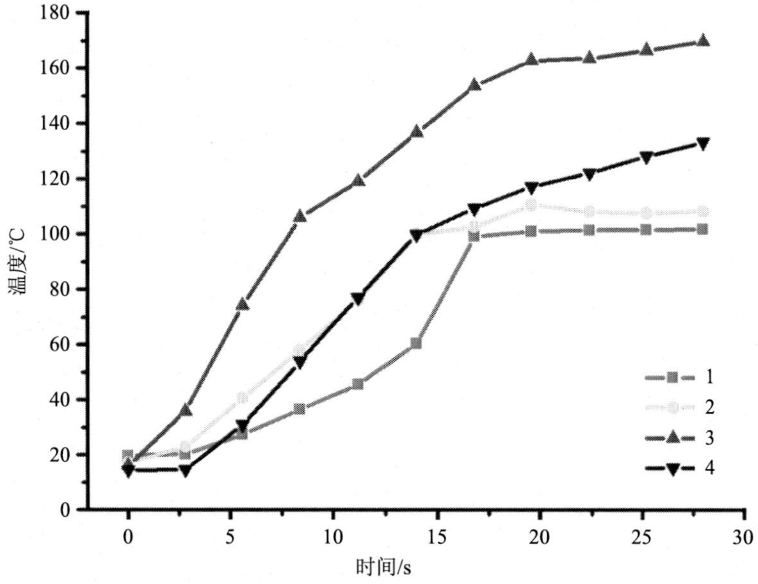

图 4.34 编号 2-1，含水率 31.94%木材 4 个测温点温度随时间变化

图中 1、2、3、4 分别对应图 4.27（b）中测温点温度

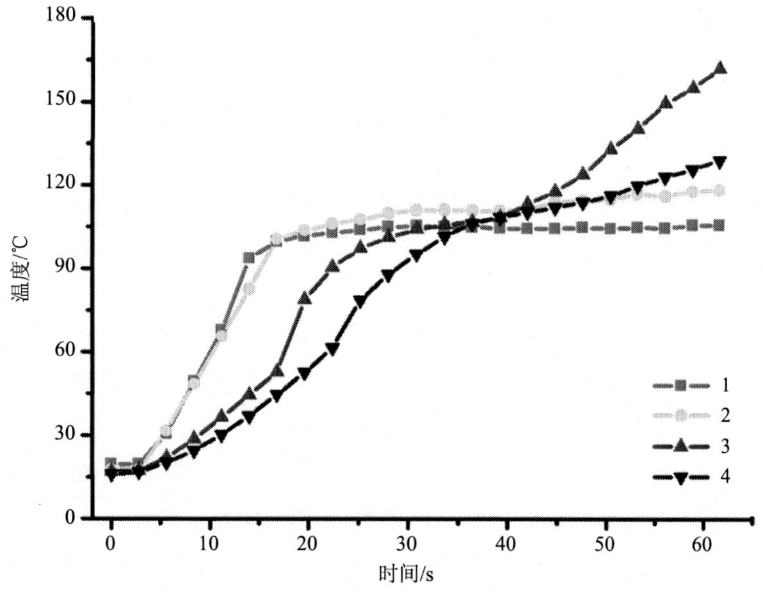

图 4.35 编号 2-2，含水率 48.42%木材 4 个测温点温度随时间变化

图中 1、2、3、4 分别对应图 4.27（b）中测温点温度

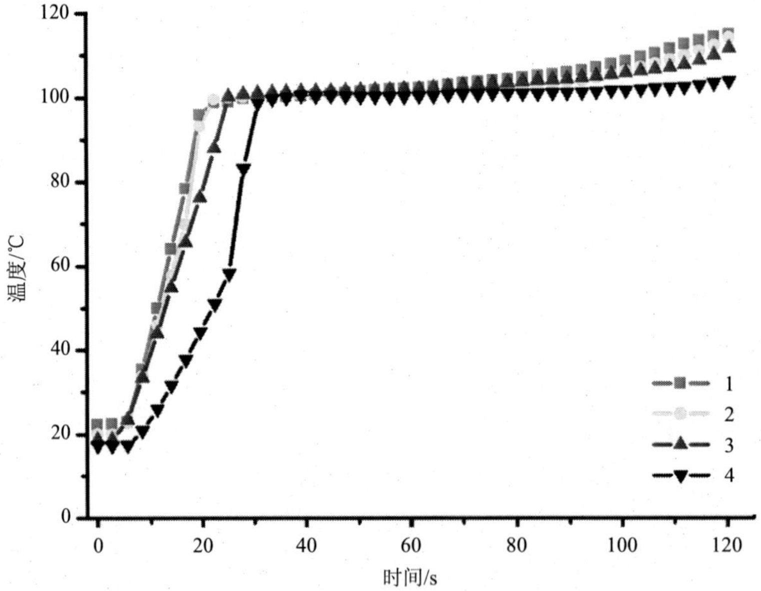

图 4.36 编号 2-3，含水率 70.24%木材 4 个测温点温度随时间变化

图中 1、2、3、4 分别对应图 4.27（b）中测温点温度

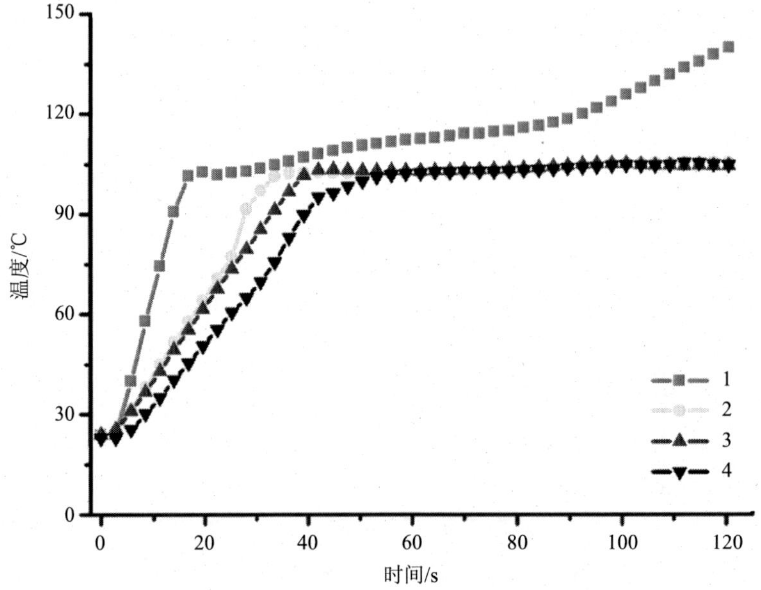

图 4.37 编号 2-4，含水率 99.84%木材 4 个测温点温度随时间变化

图中 1、2、3、4 分别对应图 4.27（b）中测温点温度

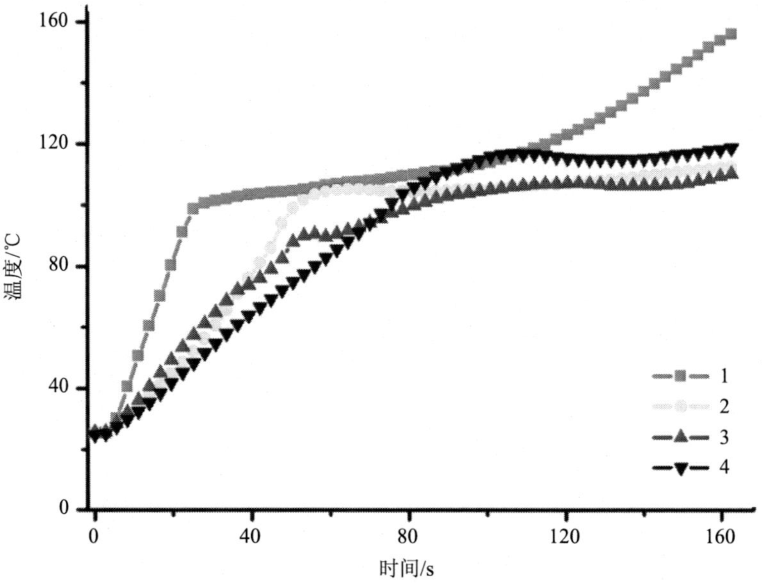

图 4.38　编号 2-5，含水率 142.71%木材 4 个测温点温度随时间变化

图中 1、2、3、4 分别对应图 4.27（b）中测温点温度

从图 4.34～图 4.38 中不同含水率木材的 4 个测温点随时间的温度分布图可以看出，低含水率木材与高含水率木材温度分布规律不同，当木材含水率为 31.94%时，木材 4 个测温点随时间温度变化不均匀，编号 2-3、2-4 的木材中间位置点先达到 100℃，编号 2-1 靠近波导口端位置反而最后到达，而随着含水率的增加，温度升高最快的测温点变为靠近波导口端的点。在含水率大于 70%后，木材 4 个测温点的温度分布均匀，4 个测温点温度达到 100℃所用时间相差不大。同时，与一个微波口馈入辐射对比，一个微波口馈入中，含水率较低的木材温度分布较均匀，含水率高的木材温度分布相差比较大，而两个微波口辐射情况木材温度分布均匀性与木材含水率的关系却相反，含水率低的木材温度分布不均匀，而含水率较高的木材温度分布均匀，当含水率为 70%时，木材内部 4 个测温点温度基本一致。由此可以看出，使用不同馈入方式对木材加热和木材内部温度分布的影响较大，一个微波口馈入适用于低含水率，加热时间短的木材，而两个微波口馈入适用于含水率较高的木材。

（3）不同含水率木材各测温点达到蒸发温度 100℃的时间

从表 4.6 和图 4.39 可以看出，利用两个微波口辐射木材时，低含水率木材温度升高快，高含水率木材温度升高慢，同时，低含水率木材温度升高最快的区域为中心位置，而随着含水率增加温度升高最快的区域逐渐移向离波导口最近的位置，5 个含水率不同的木材温度升高最快的测温点达到 100℃所用的时间相差不大，与一个微波口加热时所用的时间相比，整体所用的时间明显缩短，同时温度升高最快与温度升高最慢的测温点达到 100℃所用的时间相差不大，说明两个微波口辐射比一个微波口辐射木材的温度分布更均匀。

表 4.6　最先和最后到达蒸发温度 100℃的测温点及所用时间

木材编号	最先到达 100℃测温点	时间/s	最后到达 100℃测温点	时间/s
2-1	3（蓝）	8	1（红）	17
2-2	1，2（红，绿）	16.5	4（黑）	33
2-3	1，2（红绿）	22	4（黑）	31
2-4	1（红）	17	4（黑）	50
2-5	1（红）	28	3（蓝）	81

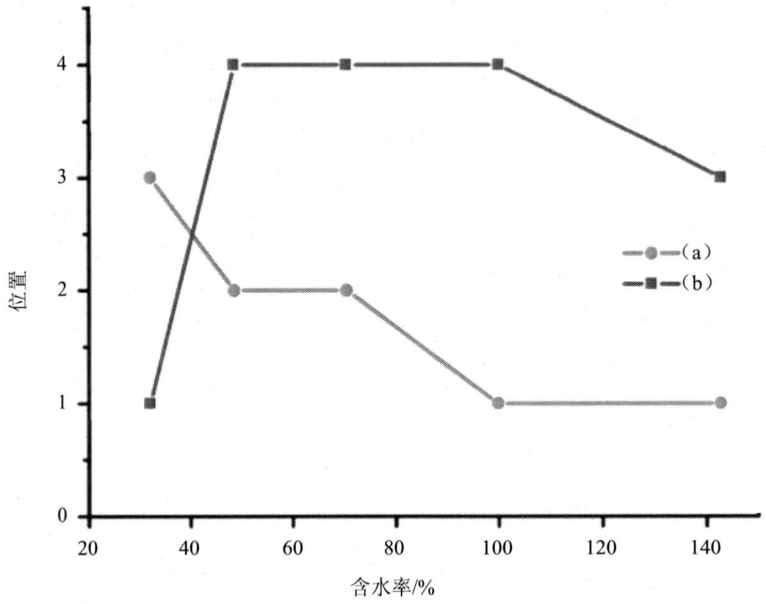

图 4.39　不同含水率木材最先和最后到达蒸发温度 100℃的测温点

（a）最先到达 100℃的测温点；（b）最后到达 100℃的测温点

4.3.3　一口和两口谐振腔微波加热木材水分蒸发时间对比

从表 4.7、表 4.8 和图 4.40 对比可以看出，利用两个微波口馈入谐振腔微波辐射木材时，温度水蒸气蒸发时间比一个微波口馈入谐振腔加热时短，特别是加热高含水率木材时，两个微波口加热时间较一个微波口加热时间缩短约 4 倍。一个微波口谐振腔加热在含水率 70%以后，木材温度达到 100℃所需时间明显增加，而两个微波口馈入谐振腔辐射各含水率木材达到 100℃所需时间除去最低含水率外，其他所用时间相差不大，并且均在 100 s

以内。由此可以看出，增加谐振腔微波馈入口数，干燥速率会明显提高，在短时间内木材达到 100℃对木材内部结构的改性有很大影响。

表 4.7　一个微波口馈入谐振腔木材 4 个测温点达到 100 ℃水分蒸发所需时间

木材编号	1（红）/s	2（绿）/s	3（蓝）/s	4（黑）/s	平均时间/s
1-1	46	15	16	22.4	24.85
1-2	132	118	170.4	150.4	142.7
1-3	78	158	26	92	88.5
1-4	125	245	217	268	213.75
1-5	277	410	405	400	373

表 4.8　两个微波口馈入谐振腔木材 4 个测温点达到 100℃所需时间

木材编号	1（红）/s	2（绿）/s	3（蓝）/s	4（黑）/s	平均时间/s
2-1	11	14	2	3	7.5
2-2	45.1	25.5	13	12	23.9
2-3	68	78	75	94	78.75
2-4	33	107	100	90	82.5
2-5	62	96	81	94	83.25

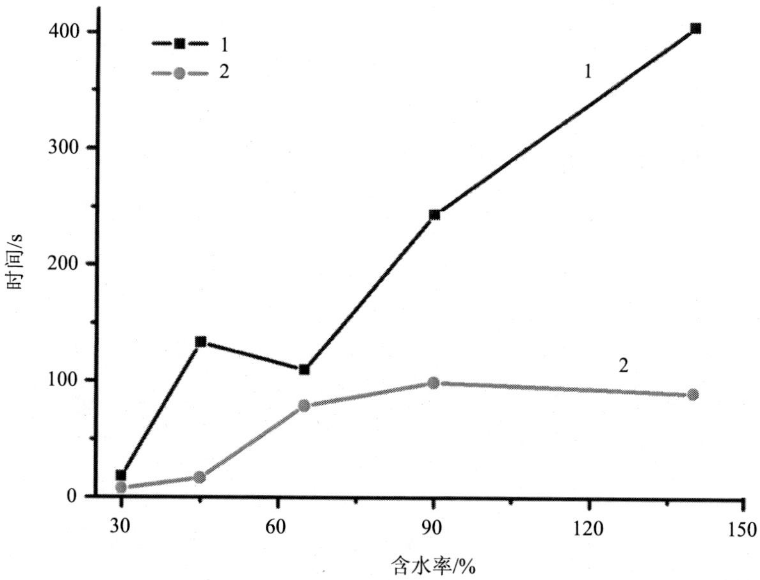

图 4.40　一个微波口（1）和两个微波口（2）馈入谐振腔微波加热不同含水率木材温度达到 100℃所需水分蒸发时间对比

本节主要研究利用一个微波口和两个微波口谐振腔微波设备，对不同含水率木材进行加热，研究不同微波馈入方式以及含水率对木材内部温度分布的影响，从上述结果可以得出：

（1）一个微波口谐振腔微波加热不同含水率木材，低含水率木材加热过程温度分布较均匀，而含水率越高，温度分布越不均匀，离波导口区域温度升高快，而远离波导口一端温度升高慢，并且时间相差较大。

（2）两个微波口谐振腔微波加热木材，低含水率温度分布不均匀，而高含水率温度分布较均匀，尤其在含水率为70%时，木材4个测温点温度升高基本一致。同时两口谐振腔加热木材整体所用时间相差不大。

（3）一个微波口与两个微波口谐振腔加热对比，两个微波口较一个微波口辐射加热温度分布更均匀，在4个测温点中，温度升高速度相差不大，而一个微波口加热随着含水率增加，不同区域温度升高差异明显。由此可以看出，加热方式对木材温度分布影响显著。

（4）含水率对木材内温度分布影响也较大，在低含水率时，木材应该采用短时间加热进行处理，而高含水率适用于改变加热方式进行处理。这样有利于提高木材温度分布的均匀性。

（5）两个微波口谐振腔微波加热的干燥速率与一个微波口谐振腔干燥速率相比显著增加，改变木材内部结构时优势明显。

4.4 微波功率对高含水率木材内部结构膨化的影响

木材内部微观结构是影响杨木加工的重要因素，木材内部结构主要由管胞、薄壁组织、纹孔、木射线以及树脂道等组成。通常情况下，木材中内含物丰富，木材内大部分纹孔堵塞，导管封闭，使得木材渗透性差，水分迁移缓慢。微波处理可以破坏木材的微观结构，有效提高木材的流体渗透性，为探究微波处理木材流体渗透性改善机理提供基础，同时为人工林木材的功能化改性研究提供理论依据。本章利用不同微波功率对高含水率木材进行微波预处理，研究木材经过高功率微波处理后内部微观结构的变化。

本书采用的试材为速生人工林杨树木材，采自湖南益阳。试验时，将微波处理后的杨木加工成20 mm（长）×20 mm（宽）×20 mm（厚）的标准规格试件。具体实验步骤如下：

（1）选取高含水率木材，木材含水率为140%，微波设备选取1.5 kW和3.0 kW两个不同功率。

（2）将微波加热后的两块木材作为实验组，选取一块未进行微波加热处理的木材作为对照组。将木材截取切割成尺寸为20 mm×20 mm×20 mm大小的试样。分别标记木材横切面、纵切面、弦切面。将试样放入器皿中用水浸泡几天后，取出试样，对木材进行切片制作。右手握刀片，刀口向内，左手握试样，沿木材纵切面和弦切面切下，制成薄切片。

（3）将制作的切片放入电镜下观察，选取适当的位置进行拍照，记录实验结果，分析实验数据。

4.4.1　木材内部结构变化

（1）未经微波处理木材内部结构

图 4.41 和图 4.42 为未经微波处理的木材弦切面和径切面的扫描电子显微镜下的照片，由图 4.41 和图 4.42 可知，未经微波处理的木材结构规整，木射线与导管、木射线与木纤维、木纤维与导管间紧密相邻，内部没有出现破裂，导管内壁平滑，没有破坏产生。

（a）电镜下放大 500 倍　　（b）放大 1 500 倍

图 4.41　未经微波处理的木材弦切面解剖

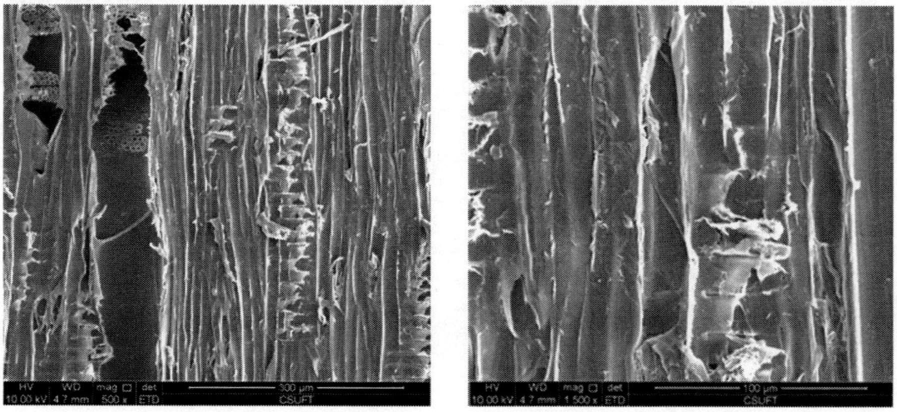

（a）电镜下放大 500 倍　　（b）放大 1 500 倍

图 4.42　未经微波处理的木材径切面解剖

（2）功率为 1.5 kW 微波处理后木材内部结构

图 4.43 和图 4.44 为微波功率为 1.5 kW 处理含水率为 140%的木材内部结构扫描电子显微镜解剖图，从图 4.43 和图 4.44 可知，微波处理后的木材，细胞壁边缘产生撕裂，壁层结构产生破坏，木纤维相互挤压，射线薄壁细胞区域的破坏主要包括多列射线薄壁细胞之间的脱离、射线薄壁细胞与厚壁细胞间的脱离及射线薄壁细胞壁的破坏。

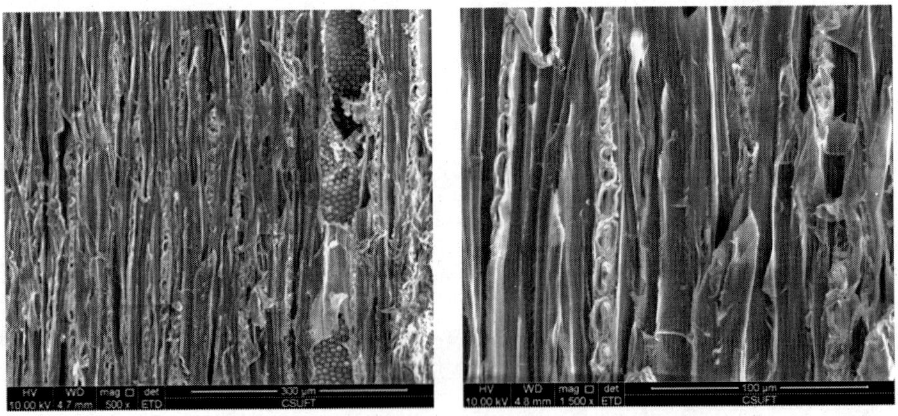

（a）电镜下放大 500 倍　　（b）放大 1 500 倍

图 4.43　功率 1.5 kW 微波处理的木材弦切面解剖

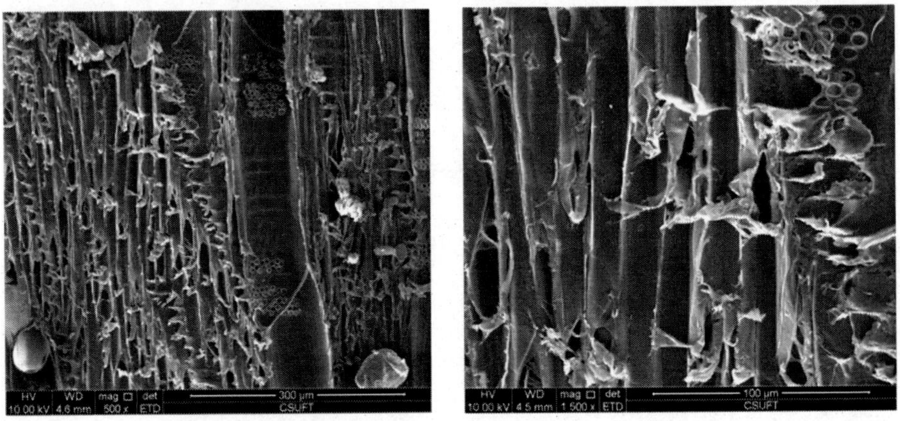

（a）电镜下放大 500 倍　　（b）放大 1 500 倍

图 4.44　功率 1.5 kW 微波处理的木材径切面解剖

（3）功率为 3.0 kW 微波处理后木材内部结构

图 4.45 与图 4.46 为微波功率为 1.5 kW 处理含水率为 140%的木材内部结构扫描电子显微镜解剖图，与未处理木材和 1.5 kW 微波处理后的木材相比，其内部结构已经严重变形，结构遭到严重的破坏，管胞壁多处断裂，导管变形，挤压在一起，管胞相通，内部形

成横向松散、纵向贯通的网络结构。

（a）电镜下放大 500 倍　　（b）放大 1 500 倍

图 4.45　功率 3.0 kW 微波处理的木材径切面解剖

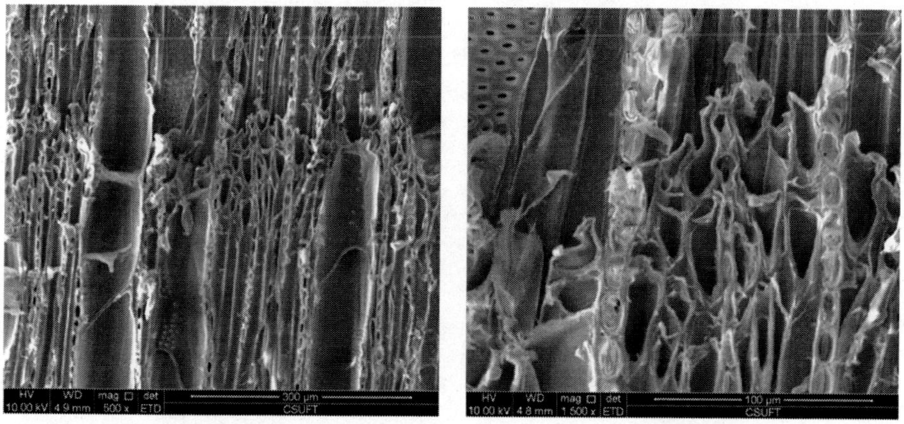

（a）电镜下放大 500 倍　　（b）放大 1 500 倍

图 4.46　功率 3.0 kW 微波处理的木材弦切面解剖

4.4.2　木材内部纹孔结构变化

木材经微波辐射后，在蒸汽压力的作用下，部分纹孔被破坏，形成相互连通的通道，使得流体的流通路径增多，极大程度改善了木材的渗透性，为木质复合材料的制备提供了有利条件。

图 4.47 未经微波处理木材内的纹孔结构

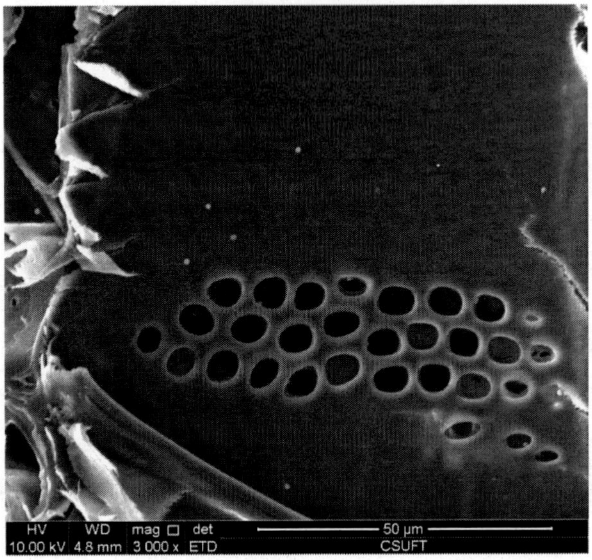

图 4.48 微波处理后木材内部纹孔结构

微波木材膨化处理在木材改性上具有重要意义，通过微波辐射处理高含水率木材，木材内部结构被破坏，有效地提高木材的干燥效率和流体的渗透性。本书通过对高含水率木材不同功率微波处理后与未处理两种情况木材内部结构进行对比，发现在微波处理后木材内部结构的各个组织和结构发生变化，具体如下：

（1）未经过微波处理的木材，内部导管排列平整，导管内壁平滑，未遭到破坏，而微波处理后的木材内部结构遭到不同程度的破坏。

（2）不同微波功率对相同含水率木材内部结构破坏程度不同，经过 1.5 kW 功率的微波处理后的木材，其水分蒸发过程较 3.0 kW 处理的木材更缓慢，结构破坏不彻底，胞间层被破坏，导管之间产生挤压，但没有断裂。而经过功率为 3.0 kW 微波处理后的木材，其内部由于水分很快变为水蒸气，受到蒸气压力而遭到严重的破坏，内部结构出现导管严重被挤压变形，并出现断裂现象，木材内部形成了松散的横纵相通的网络结构。

（3）对比经过微波处理和未经过微波处理木材内部的纹孔结构发现，未经过微波处理的木材内部纹孔结构大部分被纹孔膜封闭，在水分流通过程中形成阻力，而经过微波处理后的木材，内部纹孔结构基本都被破坏，完全打开，有的甚至出现断裂，各个细胞间与导管间相互连通，木材内部水分或其他流体易于流通。

（4）本书通过实验对比了解微波处理后木材内部结构的变化，为木材微波改性的相关实验研究奠定了理论基础，通过研究微波处理后的木材，对渗透性、力学性能和改性方面的研究工作具有重要意义。

第五章　微波在不同含水率木材内的穿透深度的研究

微波干燥虽然有效缩短了木材干燥所需时间，但是微波预处理引起的木材受热不均匀，微波穿透深度有限等不利因素限制了其应用空间。笔者已对木材微波干燥温度分布均匀性课题做了大量相关研究（Zhang，2016b；李贤军，2012；罗勇锋，2014）。为了进一步解决木材微波干燥均匀性问题，本书将对木材微波穿透深度进行探究。随着微波在木材内部辐射深度的增加，其能量因为被吸收呈现衰减形式，即微波穿透木材的厚度是有限的，牟群英（牟群英，2006）通过实验发现当微波频率为 2.45 GHz 或 0.915 GHz、木材的含水率高于 40%时，微波穿透深度在 6～16 cm 以内。如果木材的厚度超过微波穿透的极限值时，其内部的温度分布会出现不均匀现象，因此探究木材微波辐射穿透深度具有重要意义。

本书选用杨木作为研究对象，通过有限元法对不同含水率的杨木微波穿透深度进行了研究，采用频率为 2.45 GHz 和 0.915 GHz 的微波对不同含水率的杨木试件进行预处理，获得了含水率和频率对杨木微波穿透深度的影响规律，为微波干燥仪器的改进设计和实验研究提供理论依据。

5.1　微波辐射穿透深度的理论分析

微波辐射穿透深度是指当微波功率衰减到入射表面功率的 1/*e*（约为 36.8%）时，微波在木材中传播的距离（张兆镗，1988），其表达式为

$$d = \frac{\lambda}{\pi \sqrt{\varepsilon'} \tan\delta} \tag{5.1}$$

式中，λ 为微波电磁波波长，若已知微波波长以及木材在一定条件下的相对介电常数 ε' 和损耗角正切值 $\tan\delta$，就能求解在此种状态下的微波在木材中的穿透深度。相对介电常数越大，微波对介质的极化能力就越强，微波的穿透深度会越小。

以杨木为研究对象，穿透深度主要由杨木的介电常数和介电损耗因子等因素决定，杨木的含水率、密度、纹理方向和温度等对其介电常数都有影响（李坚，2014），其中含水率对介电常数和介电损耗因子的影响最大。测量杨木横纹时的平均相对介电常数和介电损

耗因子随含水率的变化关系，如图 5.1 所示。随着杨木含水率的增加，其介电常数和介电损耗因子增加。当杨木的含水率从 30%增加到 110%时，杨木相对介电常数由 4.05 增加到 13.01，而介电损耗因子则由 0.35 增加到 3.47。

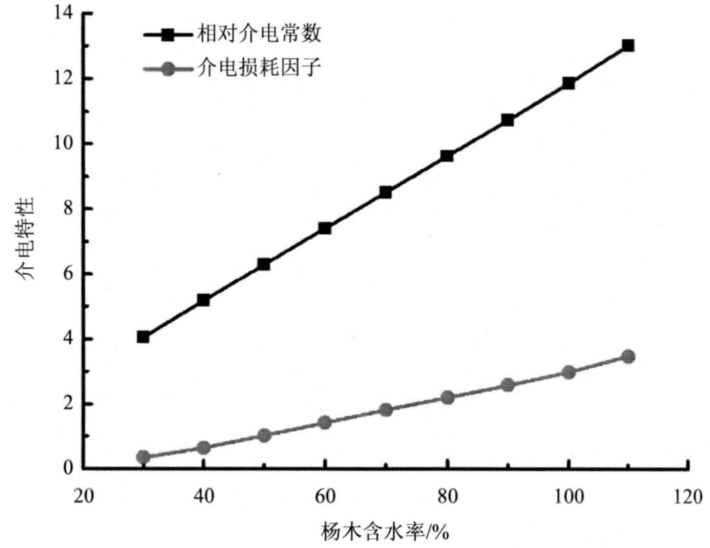

图 5.1　杨木横向介电常数与介电损耗因子随杨木含水率变化

根据图 5.1 中杨木相对介电常数和介电损耗因子随含水率变化的结果，将其分别代入式（5.1），微波辐射频率选用 2.45 GHz 和 0.915 GHz，可以计算出不同含水率杨木的微波穿透深度，计算结果如图 4.2 所示，随着含水率的增加，杨木的微波穿透深度不断减小，且 0.915 GHz 的微波辐射穿透深度比 2.45 GHz 的要大。当杨木含水率从 30%增加到 110%时，杨木微波辐射穿透深度分别从 22.30 cm 减小到 3.64 cm（2.45 GHz）和从 60.32 cm 减小到 9.85 cm（0.915 GHz）。当含水率从 30%升高到 60%时，杨木的微波穿透深度变化幅度很大，分别减少了 67%（2.45 GHz）和 80%（0.915 GHz）；而当含水率大于 70%时，随着含水率的增加，微波穿透深度减小幅度变慢，木材含水率的范围为 70%～110%，穿透深度减少了 40%。随着含水率的增加，杨木穿透深度前期减小较快，后期减小缓慢的现象可由式（5.1）解释：当含水率为 30%～60%时，微波辐射入杨木内部时，部分能量被水分子吸收，部分能量继续往前传播。微波能量随着水分的增多而被吸收的能量也增多，当含水率高于 70%时，微波进入杨木，在靠近波导的部分能量几乎就被水分子吸收完，能继续往前传播的微波能量较少，因此微波穿透深度变浅，且慢慢趋于杨木表面位置。频率为 0.915 GHz 的微波的穿透深度大约是 2.45 GHz 的微波的 2 倍，因为 0.915 GHz 的微波频率小，波长更长，穿透性能会更好。

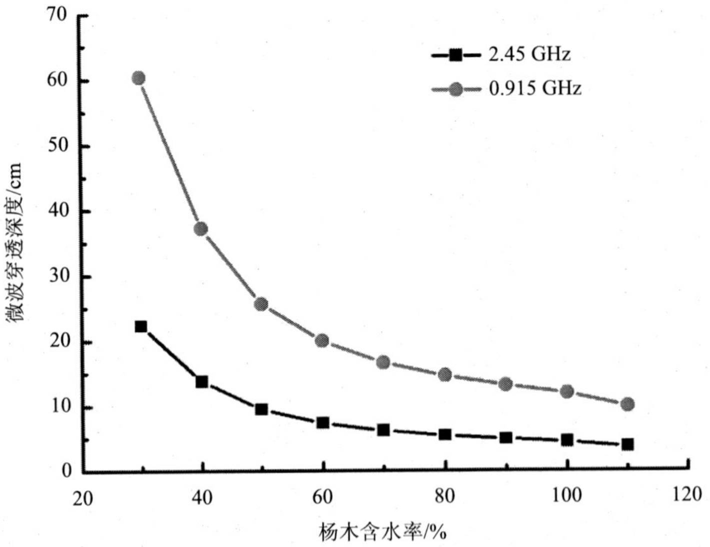

图 5.2 微波辐射深度随含水率变化关系

5.2 有限元法模拟研究

5.2.1 模型构建

在 5.1 节中通过理论推导的方法计算了杨木微波穿透深度随含水率的变化情况，公式法推导的结果不够精确，但对实际的微波干燥实验有一定的指导作用。有限元分析法是将杨木试件分成众多的微小单元，通过计算每一个小单元的温度，再进行综合分析，得到的结果会更精确，且结果可视化，能更直观反映问题，对实际操作指导意义更强。本书通过有限元法构造了杨木微波干燥过程的模型，采用一口馈入的方式进行干燥，微波加热杨木的装置如图 5.3 所示。为了防止谐振腔对微波电磁场反射及干涉的影响，杨木试件的规格略小于谐振腔（Zhang，2016a）。谐振腔与杨木试件的具体规格如下：

腔体大小：（长×宽×高）$L\times W\times H = 0.197\times0.197\times0.155\ \mathrm{m}^3$

杨木大小：（长×宽×高）$l\times w\times h = 0.190\times0.190\times0.150\ \mathrm{m}^3$

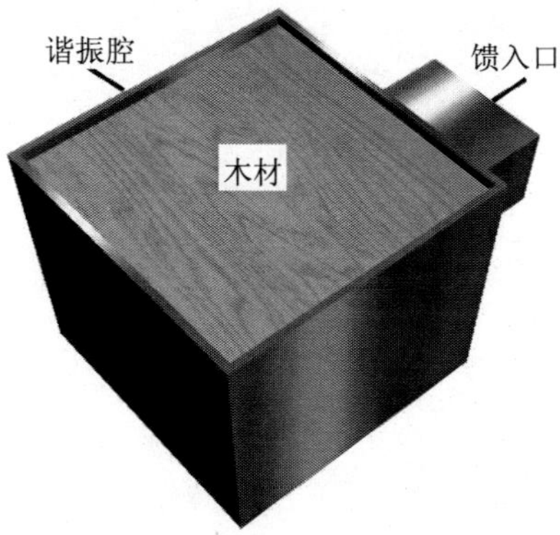

图 5.3　微波加热设备示意

5.2.2　参数设置

模拟中的实验谐振腔的大小是参照湖南景远微波科技有限公司一个微波口馈入谐振腔大小设计，理论分析可知，当杨木含水率为 30%～60%时，0.915 GHz 的微波辐射在杨木中的穿透深度为 20~60 cm，该深度要大于杨木试件的厚度，2.45 GHz 的微波穿透深度符合模拟需求，因此模拟中微波频率选用 2.45 GHz。设定实验初始温度为 15℃，微波辐射功率为 1.5 kW，辐射时间 25 s。杨木试材（含水率为 30%）的整体温度分布如图 5.4 所示，当微波纵向馈入到杨木表面时，靠近微波馈入的杨木中心的温度较高，最高温度可达 92.6℃。

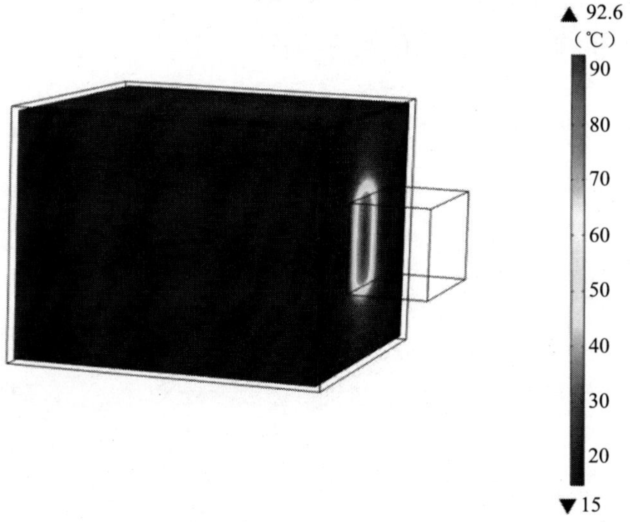

图 5.4　微波辐射 25 s 后杨木内部温度分布

在有限元分析法模拟中，考虑含水率为 30%、40%、50%、60%、70%、80%、90%、100%和 110%的杨木试件。

5.2.3 模拟结果与分析

当微波功率确定时，杨木内部吸收的热量和升高的温度可用式（5.2）和式（5.3）计算：

$$Q = pt \tag{5.2}$$

$$Q = cm\Delta T \tag{5.3}$$

式中，Q 为木材吸收微波的能量；p 为吸收微波的功率；t 为微波辐射时间；c 为木材比热容；m 为木材质量；ΔT 为木材内部温度变化量。

微波辐射 25 s 后，含水率 30%的杨木试件微波穿透时热流流向如图 5.5 所示。由式（5.2）和式（5.3）可计算出微波功率衰减到表面功率的 $1/e$ 时杨木试件的温度为 22.6℃。图 5.5 显示微波穿透了整个杨木试件，杨木试件靠近波导口的部分吸收微波能量较多，离微波馈入口较远的部分温度高于 22.6℃的区域较少。

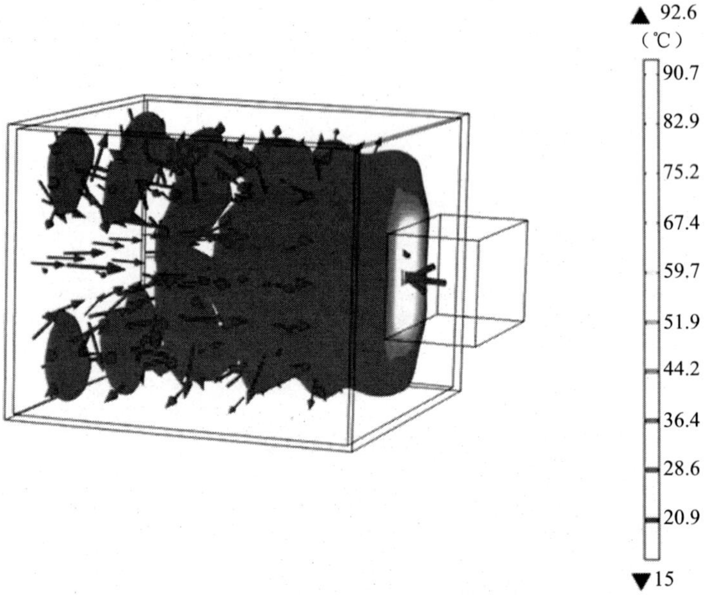

图 5.5 杨木微波穿透和内部热流流向（箭头代表热流方向）

图 5.6 为杨木含水率分别为 30%～100%、微波衰减为 $1/e$ 距离时的平面温度分布图。从平面温度分布来看，随着含水率的增加，微波穿透深度减小。当含水率为 30%时，微波辐射能够穿透整块杨木，其温度分布要比其他含水率的温度分布更均匀些。当杨木含水率从 30%增加到 70%时，其穿透深度变化很明显，穿透深度快速减小。当杨木含水率从 80%增加到 100%，穿透深度几乎不再增加，微波能量吸收主要集中在受辐射的杨木表面部分，这就说明了微波辐射杨木时，主要是与杨木内部的水分子作用产生热量，当含水率增加时，微波在杨木的表面就会被吸收，所以高温部分主要集中在表面部分，当含水率高于 80%时，

微波辐射深度几乎保持相同。

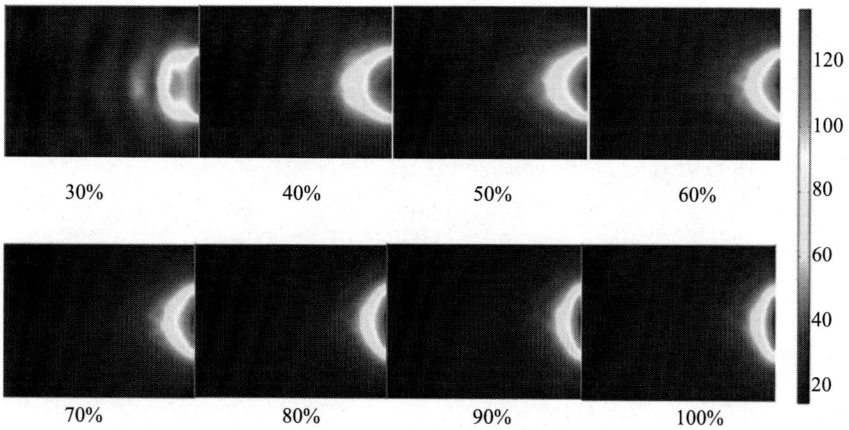

图 5.6 微波辐射不同含水率的杨木后木材内部不同含水率微波辐射温度分布

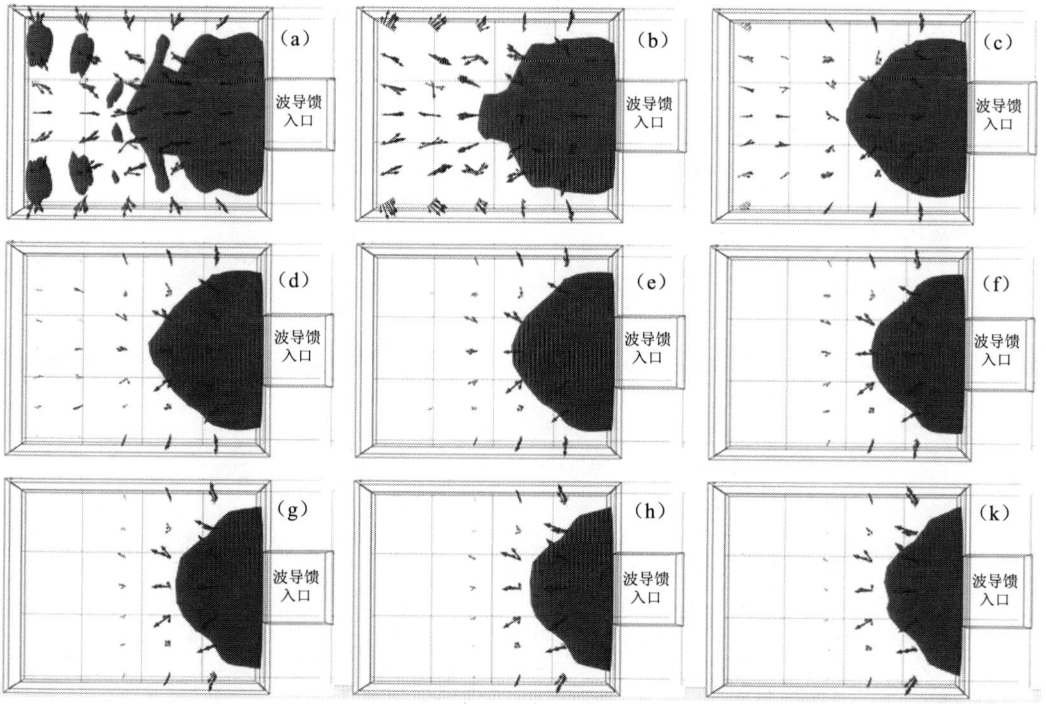

图 5.7 不同含水率的杨木微波辐射穿透深度热流截面

各图含水率为（a）30%，（b）40%，（c）50%，（d）60%，（e）70%，（f）80%，（g）90%，（h）100%，（k）110%

图 5.7（a）～图 5.7（k）为杨木含水率分别为 30%、40%、50%、60%、70%、80%、90%、100%和 110%时，微波辐射功率衰减至 1/*e* 时的热流截面图，由图 5.7 可知，随着含

水率的增加，微波穿透深度减小，热流传输密度也减小。图 5.7 中热流流向由高温部分流向低温部分，随着含水率的增加，热流传输密度在不断减小，高温部分越来越集中于靠近波导口的地方，温度分布越来越不均匀。当杨木含水率从 70%增加到 110%时，微波穿透深度减小幅度下降，因为含水率偏高时，微波与水分子的作用增强，能够继续往前透射的微波大大减少，所以穿透深度会慢慢稳定在杨木试件靠近微波馈入口的位置。

图 5.8 为应用有限元分析法得到的微波穿透深度随含水率变化图，当杨木含水率从 30%增加到 110%时，微波的穿透深度从 19.00 cm 减小到 6.26 cm（频率为 2.45 GHz）。将其与理论分析得到的结果（图 5.2）进行对比，发现采用有限元法得出的微波穿透深度与理论分析的结果有一定误差。当含水率为 50%时，两种方法计算的穿透深度相同，含水率高于 50%时，有限元法模拟得到的穿透深度减小的幅度更小些。理论推导是将整个杨木试件作为理想化木材进行处理，而有限元法将整个木材试件细分成很多小单元，每一小块除了吸收微波温度升高，它们之间还会热传递，相互作用，所以有限元法计算精度更高，更接近实际情况。

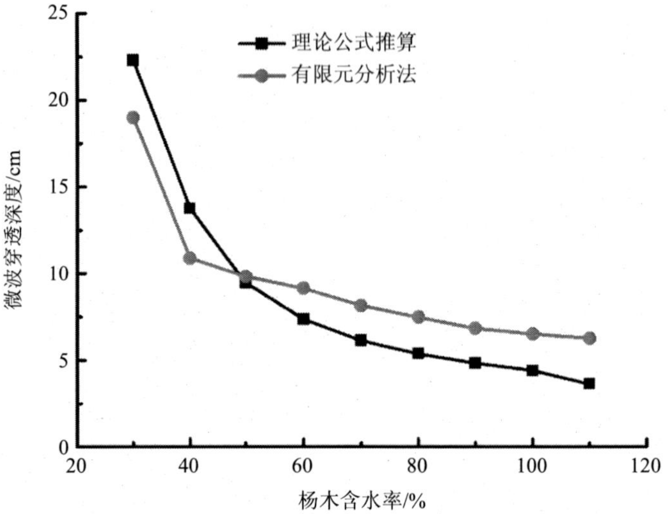

图 5.8 微波频率为 2.45GHz 时，微波辐射穿透深度与木材含水率变化关系曲线

图 5.9 是采用一个微波口馈入的方式加热木材，微波在木材中的能量利用率与杨木含水率变化的关系图像。其中能量利用率$\eta = P_1 / P_2$，P_1为微波辐射过程中杨木吸收的微波功率；P_2为微波输入功率。由图 5.9 可知，随着含水率的增加，微波能量的利用率是降低的。当杨木含水率为 30%时，微波能量可穿透整块杨木，微波与木材内部的水分子充分作用，将电磁能转化为内能，转化率高，所以微波的能量利用率比较高；而随着杨木含水率的增加，虽然杨木试件的介电损耗因子增大，电磁能转化热能的效率增大，但是穿透深度减小，微波整体被转化的效率低，所以能量利用率会降低；当含水率高于 100%时，这种变化几

乎趋稳，能量利用率将不再变化。

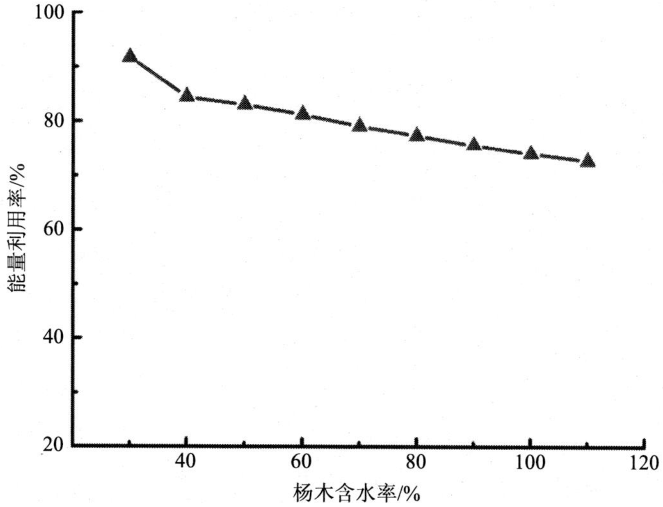

图 5.9　微波能量利用率与木材含水率变化关系曲线

图 5.10 是微波辐射杨木时，利用有限元分析方法，将杨木试件等分为许多微小单元，根据每一个微小单元的温度计算出杨木整体的温度变异系数随含水率变化的曲线图。从图中可见，随着含水率的增加，杨木试件的温度变异系数在增大，即温度均匀性变差。因为当含水率增加时，穿透深度降低，杨木内部高温部分主要集中在靠近微波馈入口一侧，所以温度分布不均匀，变异系数大。当杨木含水率为 30%时，穿透深度最大，温度变异系数最小，温度分布最均匀。当杨木含水率高于 50%，由上述分析可知，微波辐射穿透深度趋于杨木表面，随含水率增加温度变异系数几乎不再变化，稳定在 0.63 左右，温度分干燥均匀性较差。

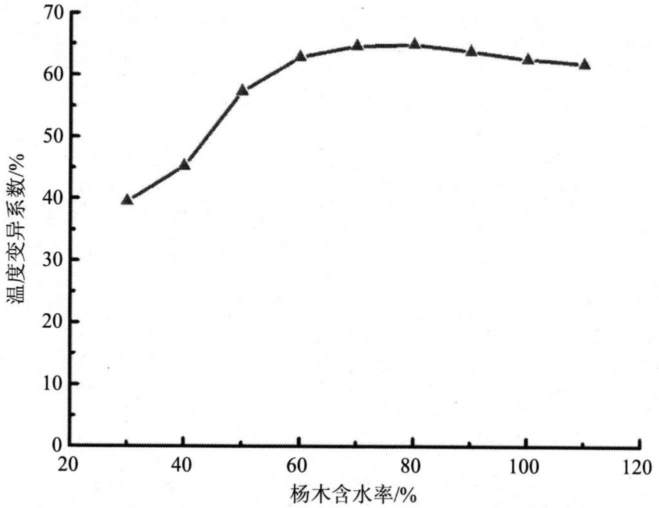

图 5.10　温度变异系数与木材含水率变化关系曲线

本书采用有限元法探明了杨木含水率和微波频率对微波辐射穿透深度的影响规律，获得了不同含水率杨木在工业常用微波频率作用下的微波穿透深度，并分析了微波辐射过程中杨木内部的温度分布均匀性和微波能量利用率。

（1）针对含水率分别为30%、40%、50%、60%、70%、80%、90%、100%和110%的杨木，采用有限元分析法研究了微波穿透深度，结果表明微波在不同含水率杨木中的辐射穿透深度不同，穿透深度随着含水率的增加而减小；杨木含水率从30%增加到110%、微波频率为2.45 GHz时，微波的穿透深度从22.30 cm减小到3.64 cm；微波频率为0.915 GHz时，微波穿透深度从60.32 cm减小到9.85 cm，以上结果对微波辐射加热杨木微波干燥提供理论指导。

（2）采用频率为2.45 GHz的微波对上述含水率的杨木进行热处理，进一步分析表明，随着含水率的增加，杨木内部温度变异系数从0.4增加到0.63左右，温度分布均匀性变差，能量利用率从92%降低至73%左右，为了提高能量利用率和温度分布均匀性，在微波辐射加热处理过程中，使杨木厚度尽量小于微波的穿透深度，以获得最佳的处理效果。

5.3 微波辐射方向对木材渗透性影响

本书5.2节应用微波沿着杨木的横向或纵向馈入，对杨木进行了预处理，使杨木在后期的加热过程中干燥速率得到加快。本节将对比微波沿杨木的横向和纵向馈入，以及未经微波处理的木材的渗透性，探究微波预处理是否能改变杨木的渗透性。

选用规格为20 mm×20 mm×110 mm的杨木试件共8块。由上一节干燥速率的实验知道杨木经微波纵向处理后，其纵向的纹理通透性特别好，为了能够清晰地观测到杨木渗透的过程（时间尽可能长），本实验杨木试件的纵向长度比标准的试件要长（标准试件规格为20 mm×20 mm×20 mm），为110 mm（试件长度沿杨木纹理方向）。

具体实验过程如下：

（1）将杨木试件分为4组，每组2个样品。第一组杨木试件是经微波纵向辐射140 s预处理后，再置于100℃恒温箱烘到绝干状态的；第二组杨木试件是经微波横向辐射140 s预处理后，再置于100℃恒温箱烘到绝干状态的（其中辐射时杨木的心材靠近波导口）；第三组杨木试件是经微波横向辐射140 s预处理后，再置于100℃恒温箱烘到绝干状态的（其中辐射时杨木的边材靠近波导口）；第四组杨木是未经微波辐射预处理，直接将杨木试件放在100℃恒温箱烘至绝干状态。

（2）用天平测量每一块试件的绝干质量，做好记录。

（3）取大烧杯，在烧杯中盛放自来水，将各组杨木试件压入水底，保持浸在水中的深度一样，使每一块试件受到的水的压强相等。

（4）木材浸入水中后，前一个半小时每隔 30 min 测一次杨木试件的质量，之后每隔 60 min 测一次杨木试件的质量，将数据记录在木材吸水性记录表 5.1 中。

表 5.1 木材吸水性测定记录表

树种：杨木　产地：湖南　实验地点：中南林业科技大学　实验温度：19℃

处理方式	绝干质量/g	杨木浸水后质量/g 时间/min												
		30	60	90	150	210	270	330	460	520	570	630	690	750
纵向	14.49	17.71	18.14	18.69	18.99	19.57	19.84	20.71	21.08	21.36	21.71	22.06	22.37	22.71
横向（心材近波导）	17.52	21.92	23.46	24.64	25.75	26.44	26.87	27.64	28.15	28.53	28.96	29.32	29.74	30.16
横向（边材近波导）	16.89	21.21	22.32	23.31	24.17	24.71	25.12	25.92	26.39	26.82	27.31	27.72	28.16	28.62
未处理	17.15	19.81	20.59	21.20	21.76	22.28	22.67	23.58	23.96	24.23	24.58	24.91	25.25	25.59

由表 5.1 可知杨木试件浸在水中，其吸水的质量随时间的变化情况，为了更清楚地观测数据，将表中数据应用 Origin 软件进行绘图，得到的木材吸水质量随时间的变化趋势如图 5.11 所示，由图中 5.11 可知，杨木试件的吸水量随着时间的增长不断增加，前期增长得较快，在 0～150 min 内，每一块试件对水分吸收成曲线增长，增长趋势较快；150 min 后，杨木的吸水质量与时间成线性增长，增长趋势相对前 150 min 要慢。经过微波处理的杨木，其对水分的吸收更快，其吸水量增长曲线的斜率比未经微波辐射处理过的曲线的斜率大。

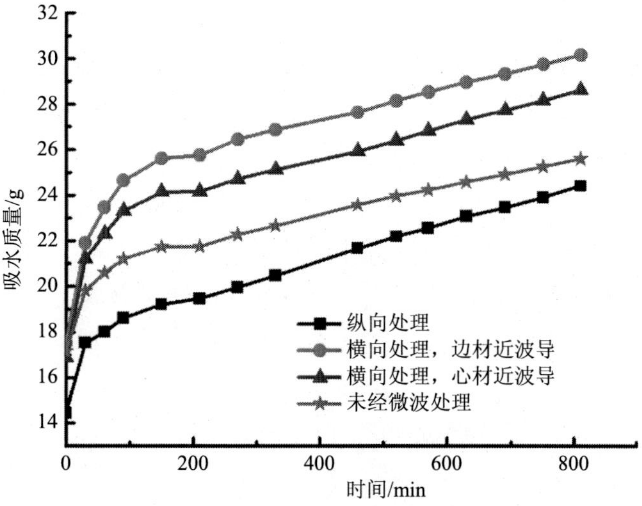

图 5.11 微波不同处理方式杨木吸水质量随时间变化

为了比较各种方式处理的杨木试件的渗透性，下面将采用木材的吸水率进行说明。在相同的实验条件下（每一块试件的体积相等，且都处于绝干状态），木材的吸水率越高，说明其内部的孔隙率越大，内部容量更大，木材内部流体传输路径更通透。这为木材的改性处理如浸渍防腐剂、阻燃材料等提供了有利条件。

木材的吸水率：

$$A = \frac{m - m_0}{m_0} \times 100\% \tag{5.4}$$

式中，A 为木材的吸水率；m 为木材试件吸水后的质量；m_0 为木材绝干时的质量。

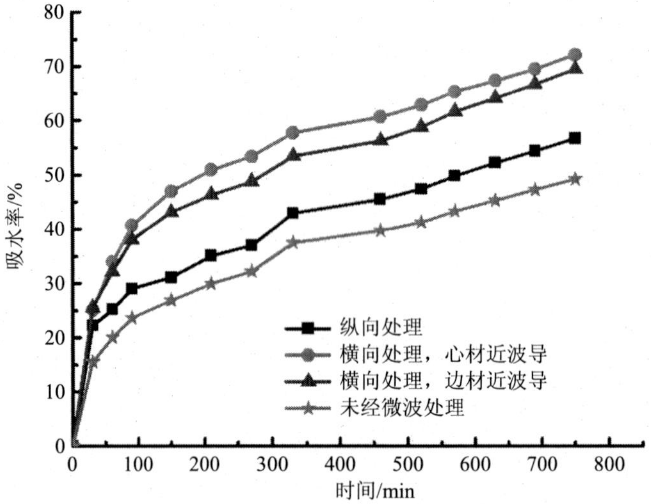

图 5.12 微波不同处理方式杨木吸水率随时间变化

由图 5.12 可知，经微波辐射处理的杨木含水率比未经微波辐射处理的杨木的吸水率要高，其中，经微波横向处理的杨木其吸水率比经纵向处理的杨木的吸水率更高。经微波横向处理但心材靠近微波馈入口的杨木，其吸水率比微波横向处理但边材靠近微波馈入口的杨木高，这是因为横向处理时，特别是心材靠近波导口时，杨木的温度分布极不均匀，会在心材部分形成局域高温，瞬间、极大程度地破坏木材内部微观结构，心材靠近微波馈入口的处理方式其吸水率会达到最高。经微波横向处理的杨木试件其吸水率比纵向处理的杨木试件要高 12.72%～15.42%，这是因为横向微波干燥温度分布不均匀，心材部分形成局域高温，木材内部遭到破坏的程度较大，形成宏观开裂或膨化的情况；微波横向馈入杨木时，使其横向的微观结构有所改变，而本书实验中杨木纵向的长度比横向的要长 90 mm，故吸水率会比横向馈入的偏低。经微波处理的杨木，其吸水率比未经微波处理的杨木要高 7.52%～22.94%，这说明应用微波对木材进行预处理，可以有效提高木材的渗透性，为木材的改性处理奠定基础。

应用微波对木材进行预处理，可以有效提高木材的渗透性，为木材改性处理提供有利的条件。但微波沿杨木的不同纹理方向馈入，纵向处理时，木材的稳定性较好，渗透性会相对低一些；横向预处理的木材其稳定性较差，但渗透性相对会强一些。如果要改性后的木材稳定性高、渗透性又相对较好的话，可以优先选择微波纵向预处理木材。

第六章　负载位置对木材温度分布的影响

微波沿杨木纹理方向馈入时，温度分布更均匀，能量利用率更高。本章将考虑采用微波沿杨木纵向馈入的方式，探究杨木处于微波谐振腔中不同位置时，杨木温度分布的均匀性。

6.1　杨木在微波谐振腔中不同位置温度分布情况

为了探究负载位置对温度分布的影响，实验采用一个微波口馈入的方式，探究微波沿木材纹理纵向馈入时，杨木处于微波谐振腔内不同位置处，考察杨木内部温度分布情况，以期找到杨木试件微波加热过程中温度分布均匀性最好的位置，使得木材的干燥更均匀，干燥的质量更高。在实用价值上，当使用微波设备时，可将物体放在微波腔内的最佳位置，使能量利用率最高，节省能源损耗，增加经济效益。

实验中采用的微波干燥仪的谐振腔规格：15.5 cm×19.7 cm×19.7 cm；微波传输波导规格：5 cm×9.53 cm×5 cm；微波频率：2.45 GHz；输入功率：1.5 kW。杨木块尺寸规格：2.5 cm×10 cm×10 cm，初含水率 60%。然后探究杨木试件放在谐振腔中不同位置对木材内部温度变化分布均匀性的影响。具体操作如下：

（1）在三维谐振腔中，将小木块置于微波腔的正中心位置，首先考察左右移动的情况，将试件移到最左端，从最左端开始（距离为 0），每间隔 0.97 cm 往右移动一次木材位置并对其进行微波干燥，直到将小木块移动到微波腔的最右端，共移动 10 次。其次考察前后移动的情况，将试件移动到谐振腔最靠近微波馈入口的位置（此时距离为 0），从最前端开始，每间隔 0.97 cm 移动一次，直到将小木块移动到微波腔的最后端，共移动 10 次。最后考虑上下移动的情况，将试件移动到谐振腔最上方位置（此时距离为 0），将木材从上往下移动，每间隔 1.30 cm 移动一次木材位置并对其进行微波干燥，直到将小木块移动到微波腔的底端，共移动 10 次。

（2）将试件等分为 8 000 个小单元，每移动一次，测量试件整体温度分布。

（3）移动 30 次，导出 30 组实验数据。

（4）计算每一组数据的平均温度和标准差，求出温度变异系数。

（5）作图分析温度变异系数，找出温度分布最均匀位置。

6.2　模拟结果分析

6.2.1　杨木试件在谐振腔中从左往右移动温度分布情况

设置杨木试件的初含水率相同，采用微波纵向馈入的方式，杨木处于微波谐振腔中不同位置时，温度分布会不一样。如图 6.1 所示，杨木从最左边的位置开始，每间隔 0.97 cm 为一个摆放点，对各杨木试件进行微波辐射模拟。由图 6.1 可知，杨木试件在微波腔中从左往中心位置移动过程中，杨木试件上的温度分布越来越均匀，且杨木试件处于左右对称位置时其温度分布的情况也是对称的。当杨木从 0 cm 移动到 2.91 cm 位置时，杨木内部高温部分主要集中于正对微波馈入口中心的位置，这说明微波辐射杨木时，是使杨木的内部温度先升高，使内部水分蒸发，再向外部传输，将热量传递给边缘部分，如果物体在谐振腔中的位置不恰当，有可能会形成局部的高温，使木材局部碳化，造成不可挽回的损害。当将杨木从左往右运动时，发现杨木处于左右的中点位置时，杨木受热最均匀，温度分布均匀性最好。

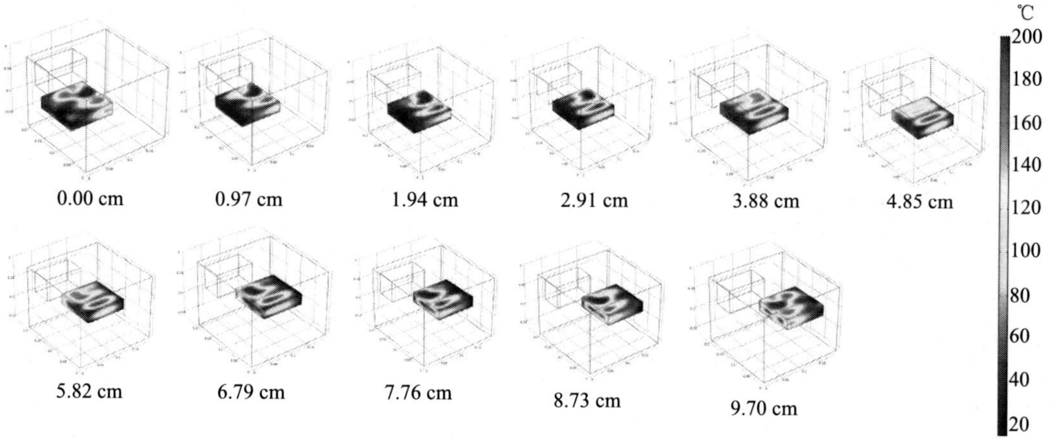

图 6.1　杨木试件在谐振腔中由左往右移动温度分布情况

6.2.2　杨木试件在谐振腔中由前往后移动温度分布情况

如图 6.2 所示，建立了微波干燥杨木的 10 个模型，图中杨木试件正对着微波馈入口中心，第 1 个模型最接近微波馈入口，接着每隔 0.97 cm 往后移动一次，直到离微波馈入口最远。由图 6.2 可知，当杨木处于离微波馈入口 0～3.88 cm 时，木材试件的温度分布是极不均匀的，微波在木材的前端中心形成了高温区，木材容易碳化，但在远离微波馈入口一方，温度却比较低。距离微波馈入口为 3.88～4.85 cm（前后方向的中心位置）和 8.73 cm

（前后方向的 4/5 位置）时，木材温度分布比较均匀。但随着杨木继续远离微波馈入口，高温部分主要集中于木材的后端中心区域。这说明了木材微波电磁场由于干涉和衍射作用，温度在木材内部分布是不均匀的，而且呈现各向异性特性，因此探究木材在微波谐振腔中不同位置的温度分布均匀性规律显得尤为必要。

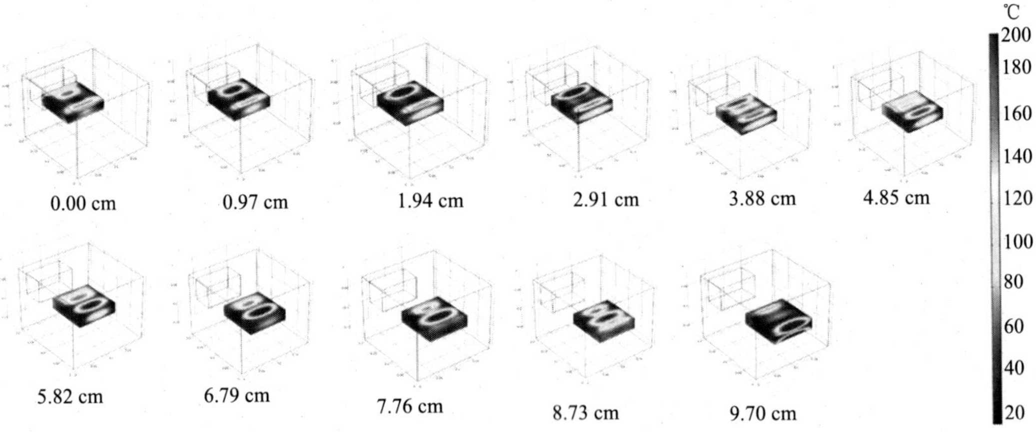

图 6.2 杨木试件在谐振腔中由前往后移动温度分布情况

6.2.3 杨木试件在谐振腔中由上往下移动温度分布情况

图 6.3 建立了微波加热杨木的 10 个模型，杨木试件置于谐振腔中心位置的最上端，然后每隔 1.30 cm 依次往下移动。当杨木试件置于距离谐振腔上端 0～1.30 cm 和 11.70～13.00 cm 时，由于偏离微波馈入口太远，微波与杨木的作用比较弱，杨木整体的温度上升很弱，只有小部分区域温度上升一点，大部分区域温度无明显变化。杨木处于距离上端微波馈入口 5.2～7.8 cm 时，杨木受热情况较好，温度上升较好，并且杨木整体的温度分布均匀性较好。

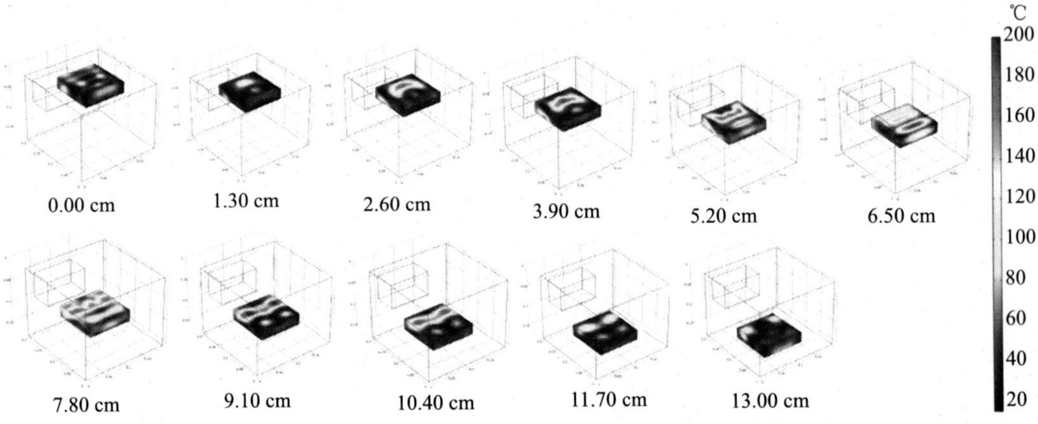

图 6.3 杨木试件在谐振腔中由上往下移动温度分布情况

6.2.4　杨木处于不同位置时温度均匀性和能量利用率探究

根据上述杨木在微波谐振腔中不同位置的温度分布图，计算出杨木每一个位置的温度变异系数，以期找出杨木在微波谐振腔中温度最均匀的位置（变异系数最小）。图 6.4 与图 6.1 对应，是杨木在微波谐振腔中从左往右移动时的温度变异系数变化情况，当杨木处于微波谐振腔左右方向的 1/4 和 3/4 位置时，温度变异系数最高，处于中心位置时，温度变异系数最小，木材内部温度分布最均匀。

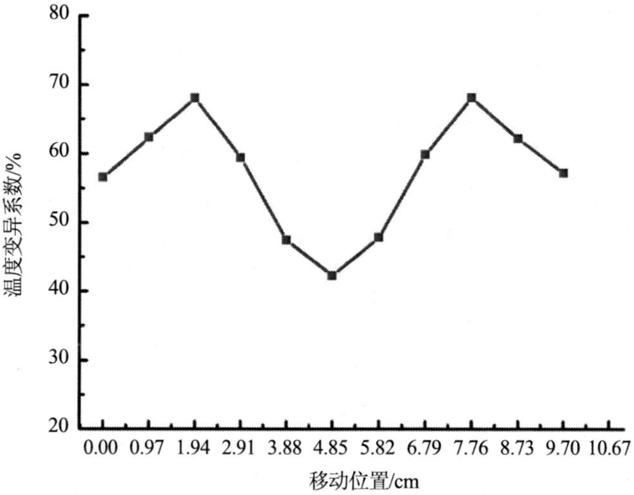

图 6.4　杨木试件在谐振腔中由左往右移动温度变异系数情况

图 6.5 与图 6.2 对应，是杨木处于微波谐振腔中由前往后移动时温度变异系数的变化情况。由温度变异系数情况再结合温度分布的图像可知，当杨木处于距离波导口 3.88～4.85 cm 和 8.73 cm（谐振腔长度的 4/5）时，杨木的变异系数较小，杨木内部温度分布情况是比较均匀的。

图 6.6 与图 6.3 对应，为杨木从谐振腔的最上端向下运动时杨木的温度变异系数图。当杨木处于贴近波导的上端或者最下端时，结合图 6.3 的温度分布情况，可以看出其温度分布都很不均匀，当杨木处于距离谐振腔上端 5.2～7.8 cm 时，其温度分布是较均匀的。

综合上述分析可知，当杨木处于波导口的中心位置，或者处于中心偏后（远离微波馈入口）4/5 位置时，杨木的温度分布均匀性是较好的，这为微波辐射木材时木材位置的摆放提供了一定的理论依据。

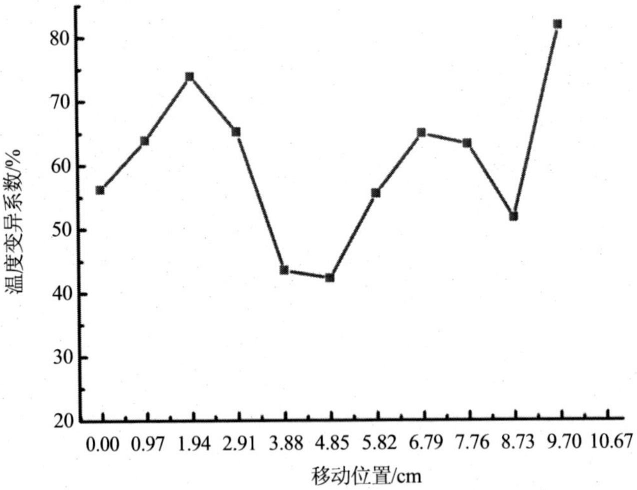

图 6.5 杨木试件在谐振腔中由前往后移动温度变异系数情况

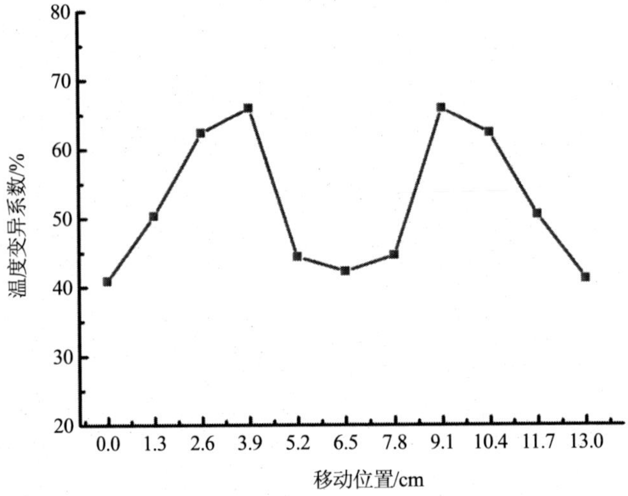

图 6.6 杨木试件在谐振腔中由上往下移动温度变异系数分布情况

6.3 实验与理论对比

6.2 节是利用有限元分析法模拟杨木处于微波谐振腔中不同位置时木材内部温度的分布情况，为了验证有限元分析法模拟的准确性，本节将从实验出发，探究杨木处于谐振腔中不同位置时温度的分布情况，以期为后续的木材微波干燥寻找到温度分布最佳位置。

本实验采用一个微波口馈入的方式对杨木试件进行处理，微波沿杨木纹理的纵向馈入，由 6.2 节模拟结果可知杨木试件处于左右和上下的对称位置，其温度分布规律是对称的，故实验过程只将杨木放置在微波谐振腔的中心、前、后、左、下 5 个不同位置进行实验，利用光纤温度传感器对杨木试件的温度进行实时测温，光纤温度探针的探测点如图 6.7 中的 1、2、3 点所示。实验室温为 33℃，微波的频率设置为 2.45 GHz，输入功率为 1.1 kW，微波干燥时间为 42 s，杨木块的大小规格为 110 cm×110 cm×30 cm，所有杨木试件的初始含水率都为 80%。

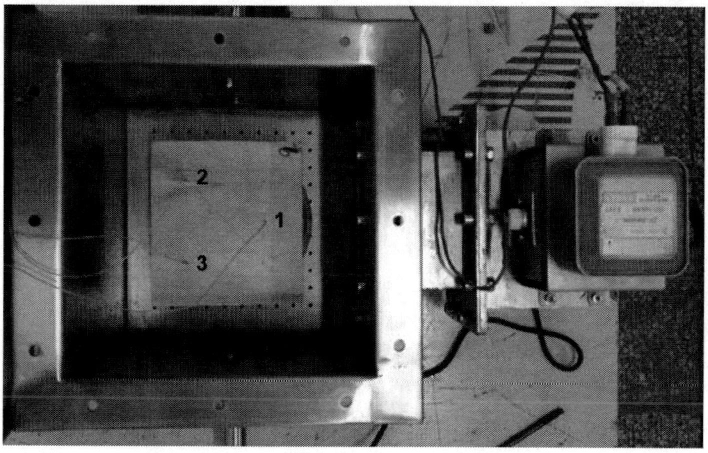

图 6.7　微波干燥杨木实验装置

图 6.8 为杨木试件置于微波谐振腔中靠近微波馈入口前方位置时的温度分布图，图中 3 个测温点的温度分布差异比较大，靠近波导口的 1 号点温度上升比较快，在 15 s 后达到恒温点。2 号点为杨木的心材部分，含水率较高，温度上升也比较快。3 号点处于边材部分，温度上升较慢。三个温度点的温度分布差异大，温度分布均匀性较差。

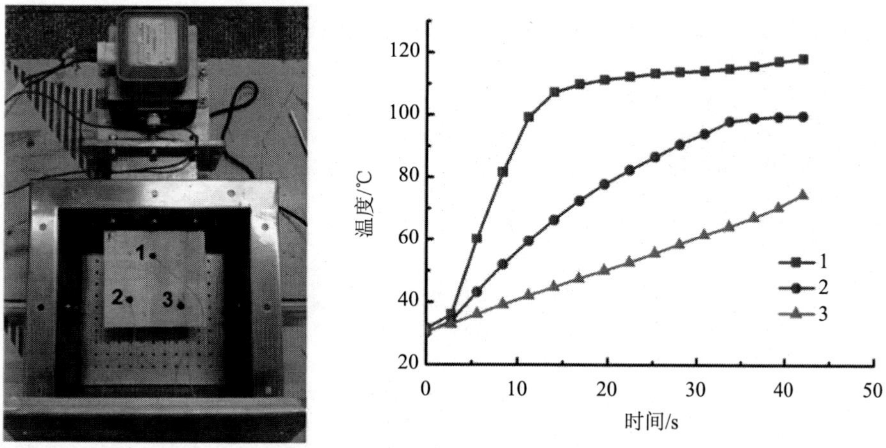

图 6.8　杨木靠近波导口温度分布

图 6.9 为杨木试件置于微波谐振腔中心位置时的温度分布图，图中 1 号点和 2 号点的温度上升比较快，在 20 s 后达到恒温点。3 号点处于边材部分，温度上升较慢，但木材总体的温度分布还是较均匀的。

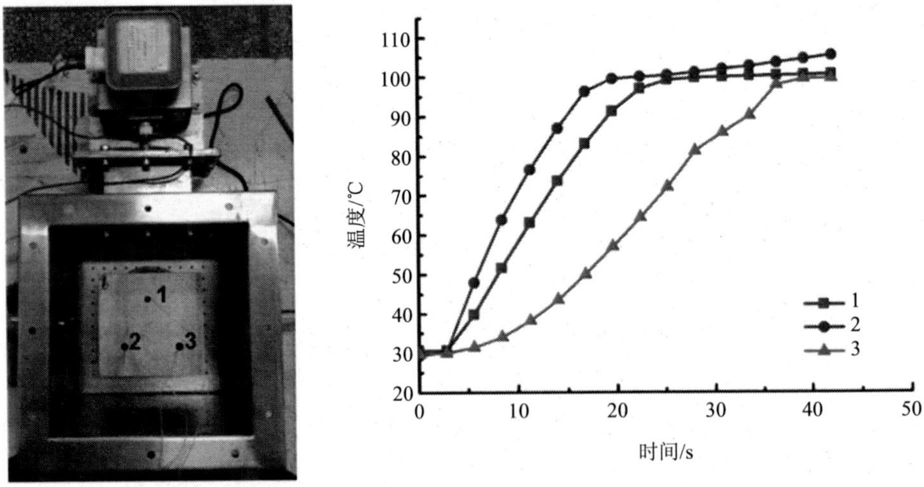

图 6.9　杨木处于微波谐振腔中心位置温度分布

图 6.10 为杨木试件置于微波谐振腔远离微波馈入口位置时的温度分布图，图中 3 个光纤测温点的温度上升规律基本是一致的，杨木整体的温度分布均匀性最好。

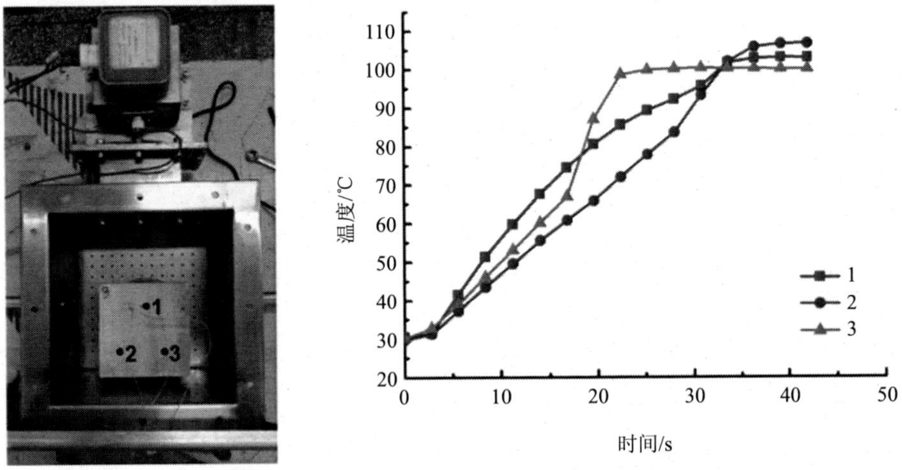

图 6.10　杨木处于远离微波馈入口位置温度分布

图 6.11 为杨木试件置于微波谐振腔左边位置时的温度分布图，图中 3 个光纤测温点的温度分布差异性最大，2 号点温度上升特别慢，而 3 号点的温度上升特别快，杨木整体的温度分布均匀性最差。

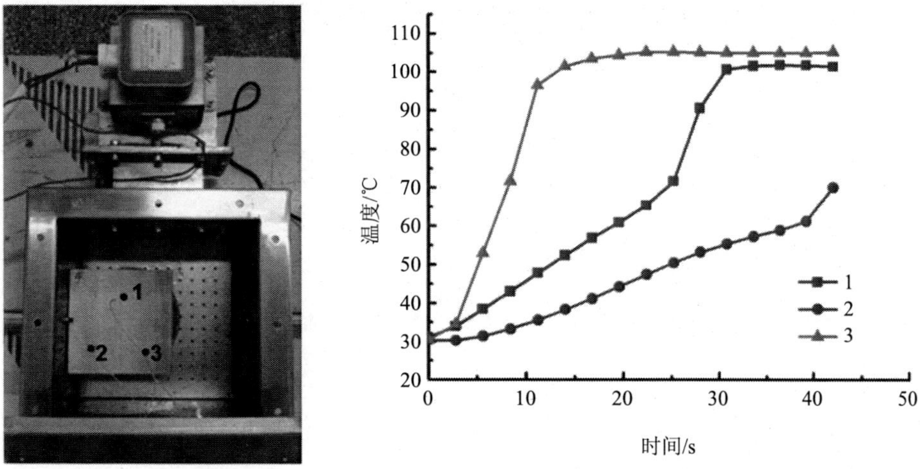

图 6.11　杨木处于微波谐振腔左边位置温度分布图

图 6.12 为杨木试件置于微波谐振腔底端时的温度分布图，图中 2 号点和 3 号点的温度上升较贴近，1 号点的温度上升与 2 号和 3 号的偏离较大，木材整体的温度分布均匀性没有木材处于中心位置或处于谐振腔后端位置时的均匀性好。

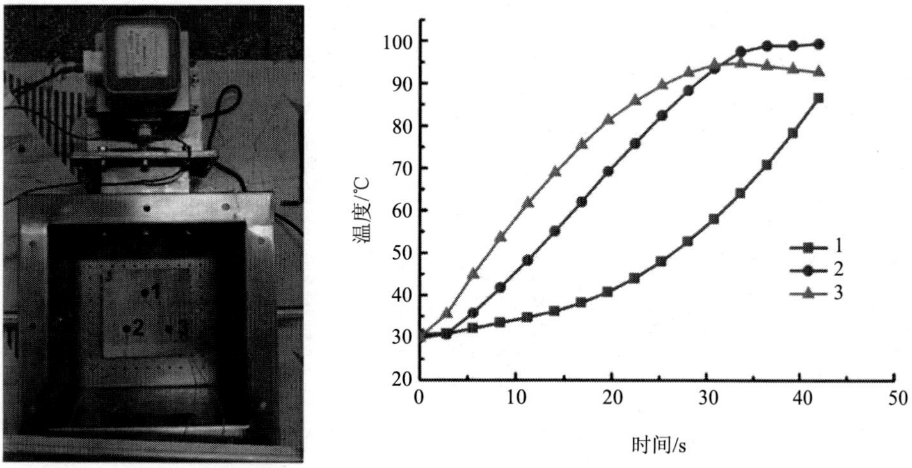

图 6.12　杨木处于微波谐振腔底部位置温度分布图

表 6.1 为上述实验中杨木处于微波谐振腔中不同位置时其干燥前后质量变化情况表。实验前，在室温下称量杨木的初始质量，微波干燥杨木 42 s 后，取出杨木试件，当即称量杨木的质量，发现杨木处于中心、后方和左方位置时杨木的质量减少最多。杨木处于中心位置和后方位置时，整体温度分布比较均匀，杨木质量减少较多。杨木处于左方位置时，心材部分（含水率高）刚好处于微波辐射口中心，由于微波干燥木材主要是与水分子作用，故水分散发较快，质量减少较多。

表 6.1　杨木处于微波谐振腔中不同位置质量变化情况表

杨木在谐振腔中位置	干燥前质量/g	微波辐射时间/s	干燥后质量/g	质量减少/%
前方	218.5	42	208.4	4.62
中心	210.3		197.7	6.00
后方	207.3		192.2	7.28
左方	205.2		189.8	7.50
底端	209.5		203.8	2.72

综上所述，探究微波干燥杨木均匀性的实验与有限元法模拟的结果一致，当杨木块置于微波谐振腔的中心位置或者在距离微波馈入口较远的谐振腔后端位置时，木材的温度分布均匀性较好，木材的水分减少也较快，干燥效果好。

（1）沿左右方向移动木块，变异系数在左右距离的 1/4 和 3/4 位置出现最大值，杨木试件温度分布最不均匀；在中心位置温度上升较快且温度变异系数较小，温度分布最均匀。

（2）沿前后方向移动木块，在靠近微波馈入口的位置，随着木块与微波馈入口之间距离的增加，温度变异系数逐渐变大，但是温度变化幅度不大。随后变异系数迅速减小，在靠近中心位置时变异系数最小，温度分布最均匀。杨木试件从中心位置继续远离微波馈入口，变异系数逐渐变大，在距离微波馈入口 8.73 cm 时有变小的情况，但随后继续增大，距离微波馈入口最远处，温度变异系数最大，温度分布最不均匀。

（3）沿上下方向移动木块，杨木试件距离谐振腔上端 1/3 和 2/3 位置时变异系数出现最大值。1/3～2/3 位置时，变异系数先逐渐减少再增大，在高度为 5.2～7.8 cm 位置时，温度变异系数较小，温度分布较均匀。

（4）应用微波预处理杨木时，选择将杨木置于微波谐振腔的中心位置，或者置于中心偏后方时，杨木温度的均匀性会较好，质量减少较快，木材的干燥质量较好。

第七章　微波辐射方向对木材温度分布理论模拟和实验探究

利用有限元分析法建立微波谐振腔，基于上述麦克斯韦方程、朗伯定律以及热质传输模型，探究微波辐射方向对木材温度分布均匀性的问题。

7.1　理论模拟

7.1.1　微波干燥杨木模型的建立

木材实际上是各向异性的，微波沿木材的不同纹理方向馈入时温度分布会不一样，为了研究微波沿木材的横纵向馈入时对温度分布的影响，本实验采用一个微波口馈入的方式（图 7.1），分别从杨木的横向和纵向馈入，探究木材温度分布的均匀性问题。

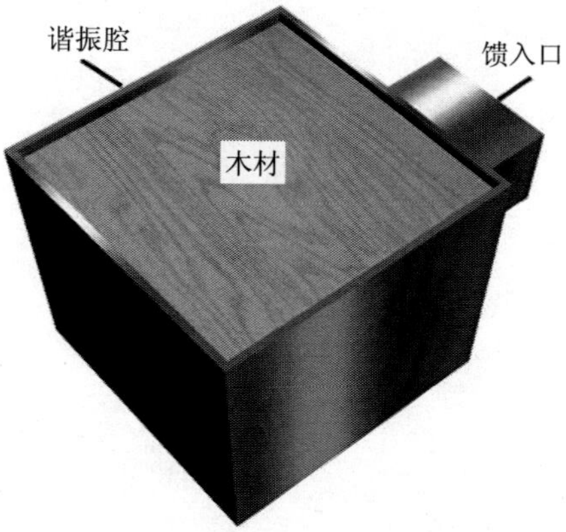

图 7.1　微波干燥杨木装置示意图

微波干燥杨木的实验装置如图 7.1 所示，外面灰色的外框为铜金属框，大的金属外框为微波谐振腔，微波谐振腔的大小设置为长×宽×高=190 mm×190 mm×150 mm。小的金属框为微波馈入口，波导口的大小设置为长×宽=95.3 mm×54.6 mm。处于谐振腔内部的为纹理特性非常明显的杨木试件。本书采用有限元分析法，将杨木试件分成 1 万多个小单元，设置微波馈入的频率为 2.45 GHz，辐射功率为 1.1 kW，通过计算机模拟，计算出杨木试件每一个小单元的温度，然后再进行叠加分析，得出杨木试件微波加热过程温度分布的整体规律。

7.1.2 模拟计算过程中杨木的各项参数设置

本书中谐振腔内部的杨木试件的长×宽×高=110 mm×110 mm×30 mm，为了提高模拟的准确性，需要考虑杨木的各向异性，木材的参数设置将最大限度地接近杨木的真实值。杨木属于湿心木材，其髓心部分的含水率高，边材部分的含水率低，且从髓心到树皮的方向，含水率是递减的。髓心部分的含水率比树皮部分的含水率要高 110%左右（江泽慧，2008）。本书将杨木试件划分为 10 个等份对杨木的含水率进行定义，左边杨木试件颜色较深的部分为杨木的心材部分，其含水率相对较高，右边颜色较浅的部分为杨木的边材部分，其含水率相对较低。从杨木的心材往边材的方向，含水率一直递减，从髓心的 150%依次递减至边材部分的 40%。

与杨木的含水率相对应的比热容、热导系数和密度分别由式（7.1）～式（7.3）确定（李坚，2014）：

$$C = 1.8 \times [M \times (1 + \frac{T}{100})]^{0.2} \tag{7.1}$$

$$\lambda = 1.163 \times [0.020\,5 + \rho_0 (0.172\,4 + 0.004\,71M)] \tag{7.2}$$

$$\rho = \rho_s (1 + \frac{M}{100}) \tag{7.3}$$

式中，C 为木材比热容；T 为温度；λ 为木材热导系数；ρ为木材密度；M 为含水率；ρ_0 为木材绝干密度；ρ_s 为木材基本密度（362 kg/m^3）。

其中，杨木的含水率的计算方法采用绝对含水率

$$M = (G_{湿} - G_{干}) / G_{干} \times 100\% \tag{7.4}$$

式中，$G_{湿}$为湿木材质量；$G_{干}$为木材绝干时的质量。

通过实验测量数据和应用 Origin 软件对杨木的吸收系数进行四阶线性耦合，得到杨木吸收系数 y 随含水率变化的数学关系式为

$$y = 6.25 - 0.50M + 0.02M^2 - 2.07 \times 10^{-4} M^3 + 7.73 \times 10^{-7} M^4 \tag{7.5}$$

杨木的介电常数随含水率的变化特性已在 1.3 节进行过讨论，当杨木从心材到边材、含水率从 150%降至 40%时，其纵向的相对介电常数从 25.35 降低至 7.39，相应的损耗因子从 10.52 减小到 0.88；横向的相对介电常数从 18.11 降低至 5.28，相应的损耗因子从 8.09 减小至 0.68。

应用有限元分析法对杨木进行微波干燥仿真模拟，杨木在谐振腔中的摆放位置如图 7.2 所示。将杨木试件置于微波谐振腔的中心位置，图 7.2（a）中杨木的纹理方向与微波的馈入方向平行，杨木试件的边材部分在谐振腔的前部，心材在谐振腔的后部。图 7.2（b）中杨木纹理方向与微波馈入方向垂直，心材部分靠近微波馈入口，边材部分远离微波馈入口。图 7.2（c）中杨木纹理方向与微波馈入方向垂直，心材部分远离微波馈入口。

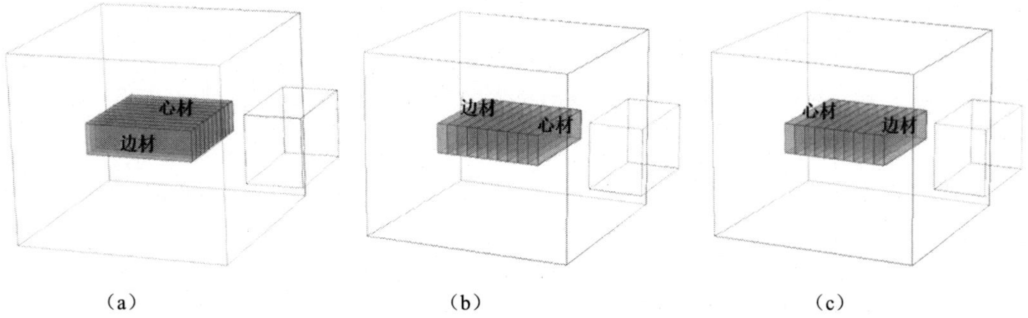

图 7.2　杨木试件在微波谐振腔中摆放位置示意图

7.1.3　模拟结果分析

模拟参数设置，设大气压强为 1 标准大气压，木材的初始温度为 30℃，微波输入功率为 1.1 kW，微波频率为 2.45 GHz。微波辐射 25 s 后，根据有限元分析方法模拟得到杨木试件的温度分布情况如图 7.3 所示。

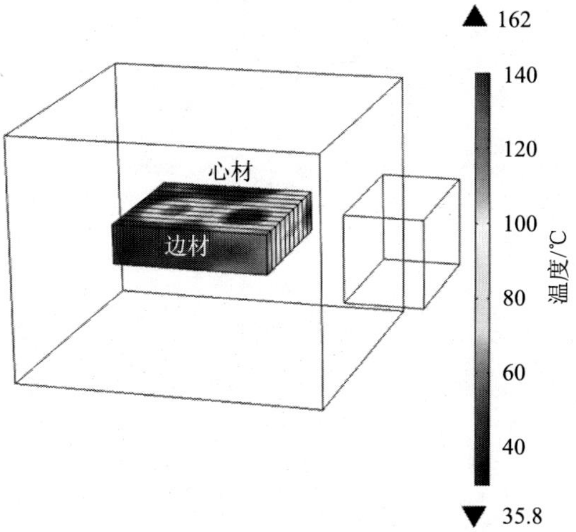

图 7.3　微波纵向馈入杨木温度分布图

（处理时间为 25 s）

图 7.3 为微波平行木材纹理方向馈入（纵向馈入）时杨木整体的温度分布图，从图 7.3

可知，加热 25 s 后，杨木的最高温度达到了 162℃，最低温度仅为 35.8℃，但杨木试件整体的温度分布还是比较均匀的，杨木的心材区域高温部分集中在木材的右上端，边材区域高温部分主要集中在木材的前方中心区域。出现这种现象的主要原因是杨木的纤维细胞与纵向纹理一致，当微波沿杨木纹理方向入射时，纤维细胞自由度大，在磁场中易于极化，所以木材整体受热会比较均匀。微波在木材中的穿透深度为（张兆镗，1988）：

$$d=\frac{\lambda}{\pi\sqrt{\varepsilon'}\tan\delta} \tag{7.6}$$

式中，d 为微波在杨木中的穿透深度；λ 为微波波长；ε' 为杨木相对介电常数；$\tan\delta$ 为损耗角正切。由式（7.6）可知，当微波入射的频率一定时，木材的含水率越高，相对介电常数越大，损耗角正切越大，微波在杨木中的穿透深度越小。杨木心材部分的含水率高，其 ε' 和 $\tan\delta$ 相对较大，所以在心材区域，微波的穿透深度较小，故心材区域高温部分主要集中在杨木的右上角区域；边材部分，含水率相对心材部分低，杨木的 ε' 和 $\tan\delta$ 都相对较小，木材的穿透深度较大，且水分沿杨木的纹理方向可以快速传输，故整个木块温度分布较均匀。

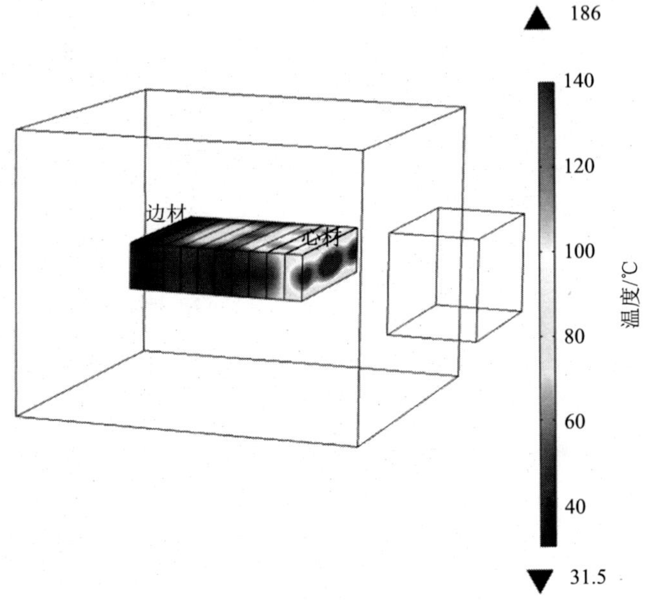

图 7.4　微波横向馈入杨木温度分布图（心材靠近微波馈入口）

（处理时间为 25 s）

图 7.4 为微波垂直木材纹理方向馈入（横向馈入）时杨木整体的温度分布图，从图 7.4 可知，加热 25 s 后，杨木整体的温度分布均匀性比纵向馈入时要差，温度范围为 31.8～186℃。同理，由式（7.6）可知，杨木心材含水率高，微波穿透深度小，故微波横向辐射

杨木时，微波与极性分子耦合产生的热量主要集中于杨木含水率高的区域，故高温部分全部集中于靠近微波馈入口的心材部分。当心材部分温度升高，再向边材部分传输热量，但由于杨木边材含水率低，且水分子的迁移方向主要为顺纹理方向，横向纹理方向不利于高温水蒸气的传输，故离微波馈入口较远的边材部分温度很低，只比初始温度高了 1.5℃，所以整个杨木块整体的温度分布均匀性很差。

图 7.5 为杨木块边材部分靠近微波馈入口时，微波垂直杨木纹理方向馈入时杨木整体的温度分布图。微波辐射 25 s 后，杨木整体的温度分布均匀性比纵向馈入时要差，但是比图 7.4 中的辐射方式要好。从图 7.5 可知，杨木温度分布范围为 34.8～142℃，高温部分主要集中于远离微波馈入口的心材部分。靠近微波馈入口的边材，含水率从 42%～70%，含水率较低，由式（7.6）可知，微波能够穿透含水率较低的部分，到达含水率较高的部分，水分子耦合产生大量热量，所以此时，杨木的升温部分主要分布在木材的中心区域和心材区域，由于心材区域含水率最高，故温度会比中心的温度高，木材整体的温度分布均匀性比图 7.5 中处理方式要好。

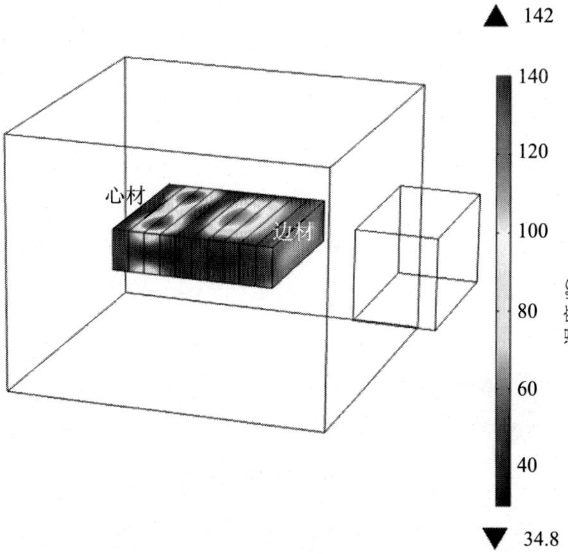

图 7.5　微波横向馈入杨木温度分布图（边材靠近微波馈入口）

（处理时间为 25 s）

7.1.4　能量利用率问题

表 7.1 是微波沿杨木不同纹理方向馈入时，整个杨木试件内部温度变异系数和对微波能量的利用率。当微波纵向馈入杨木时，温度变异系数最小，温度能量利用率也最高，此时杨木试件整体的温度分布均匀性是较好的。微波横向馈入杨木时，温度变异系数要大于

纵向馈入，即温度分布均匀性比纵向馈入时要差，能量的利用率也比纵向馈入时的利用率要低。由于杨木纵向的介电常数和导热性质比横向的要好，所以当微波纵向馈入时，微波沿着杨木的纹理方向能够充分与水分子进行耦合，进而在杨木内部瞬间产生高温，使水分蒸发，木材内部蒸气压过大时，会冲破沿着纹理的纤维细胞结构，进而打通水分的迁移路径，使水分由内而外快速蒸发，而热流随着水蒸气的运动形式，使杨木各部分受热都会相对均匀，所以纵向馈入时温度变异系数要小于横向的温度变异系数，能量利用率也会高于横向的。

表 7.1　微波不同处理方式杨木温度变异系数和能量利用率

处理方式	温度变异系数	能量利用率/%
纵向	0.36	89.50
横向（心材靠近波导口）	0.45	88.60
横向（边材靠近波导口）	0.41	85.53

为了验证上述有限元分析法模拟结果的正确性，本节将采用实验的方法对模拟结果进行验证，并进一步探究微波纵向馈入与横向馈入两种方式对杨木微波干燥均匀性的影响。

实验选用 9 块杨木试件，其规格为 110 mm×110 mm×30 mm，杨木初始含水率为 150%，微波辐射时间为 140 s。实验采用湖南景远微波科技有限公司生产的多口快换型微波预处理设备，一个微波口馈入谐振腔的实验装置如图 7.6（a）所示（其中谐振腔长×宽×高=197 mm×197 mm×155 mm；微波馈入口在谐振腔中间位置，宽度为 95.3 mm，高度为 54.6 mm），微波辐射频率为 2.45 GHz，微波口输入功率为 1.1 kW。测温用的光纤测温仪如图 7.6（b）所示（加拿大 OPSENS 公司，型号 TemPsens），它能同时测量四个温度点的温度。

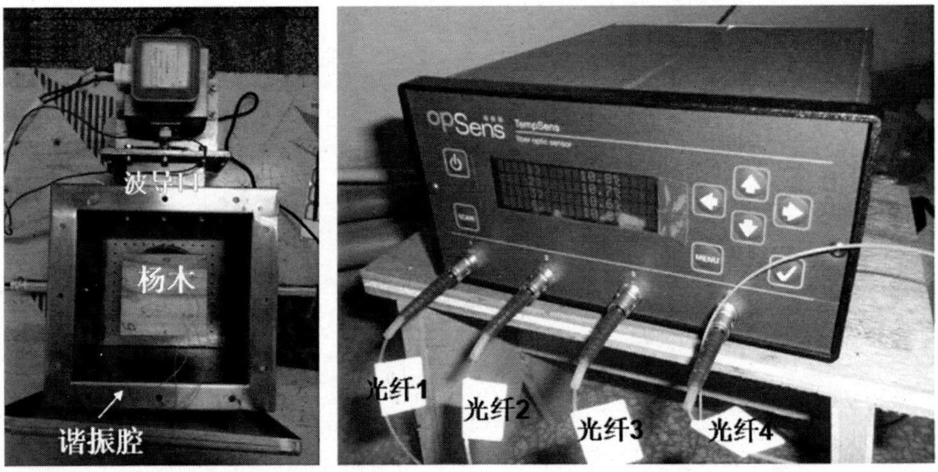

（a）一个微波口馈入微波设备　　（b）光纤温度传感器

图 7.6　微波加热设备示意图

微波沿木材的横纵纹理加热木材的实验示意图如图 7.7 所示。实验时在杨木试件上取 1、2、3、4 四个温度测量点，测量点深度为 1 cm，插入光纤测温探针，对木材温度进行实时测量，研究杨木整体温度分布的特点，探究不同馈入方式对杨木温度分布均匀性的影响。

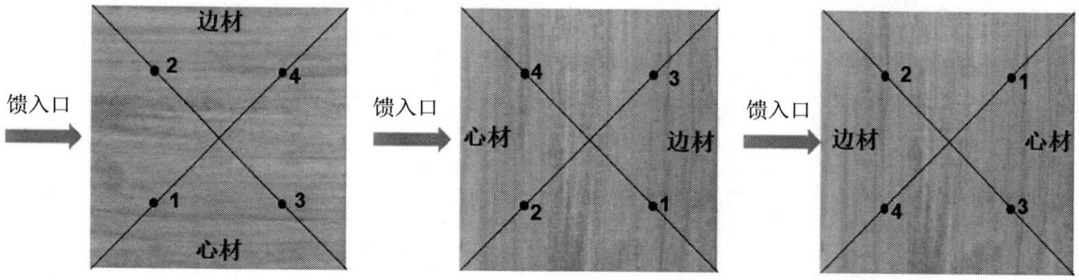

（a）微波馈入方向为木材纵向　（b）微波馈入方向为木材横向，且心材靠近微波馈入口　（c）微波馈入方向为木材横向，且边材靠近微波馈入口

图 7.7　一个微波口馈入方向及测温点分布

将杨木试件分别标号为 1 号、2 号、3 号、4 号、5 号、6 号，对号 1 号、2 号、3 号杨木试件采用微波纵向馈入的方式进行干燥处理[图 7.7（a）]；对 4 号、5 号、6 号杨木试件采用微波横向馈入方式进行加热处理，其中 4 号和 6 号杨木试件的心材部分靠近微波馈入口[图 7.7（b）]，5 号杨木试件的边材部分靠近微波馈入口[图 7.7（c）]。微波处理时间为 140 s，用光纤温度传感器插入杨木孔中实时测温，并利用计算机记录温度变化。1 号、2 号、3 号与 4 号、5 号、6 号用于对比分析同样处理条件下微波沿横纵向馈入时杨木的温度分布与干燥速率情况。同时，4 号、6 号和 5 号进行对比，探究相同的馈入方式时，杨木心材靠近微波馈入口与远离微波馈入口对温度分布的影响。杨木试件在微波干燥前和微波处理冷却后均称量并记录数据。

7.2　实验结果与分析

7.2.1　实验探究杨木横纵纹理对微波加热温度均匀性的影响

图 7.8（a）为微波沿木材纵向纹理辐射的一个微波口馈入干燥装置图，杨木试件被置于微波谐振腔的中心部分，在杨木试件上取 4 个光纤测温点，1 号、2 号测温点位于靠近微波馈入口位置，3 号、4 号测温点置于离微波馈入口较远的位置。调节输入功率为 1.1 kW，开启微波设备后，应用光纤传感器对杨木的四个测温点进行实时测温，并用计算机对数据进行处理，得出杨木四个温度点的温度分布情况如图 7.8（b）所示。从图中可以看出，杨木内部的温度先上升后趋于平衡，且四个温度点的温度变化相近，杨木内部的温度上升时温度整体分布均

匀性较好。因为杨木试件的含水率高达 150%，水在 1 标准大气压下的沸点为 100 ℃，在微波加热 45 s 后，杨木内部的温度上升达到水的沸点后趋于平衡，温度几乎不再变化。

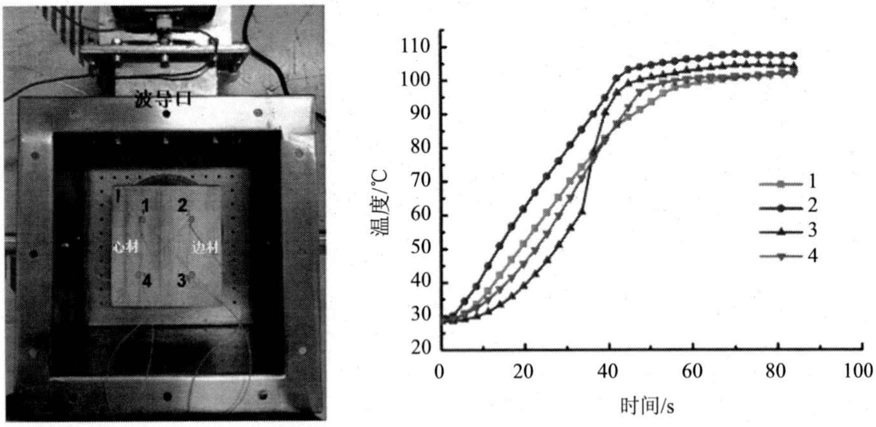

（a）微波沿木材纵向的馈入装置图　（b）纵向馈入杨木 4 个测温点温度随辐射时间变化关系

图 7.8　一个微波口纵向馈入干燥装置及杨木温度随辐射时间变化关系

图 7.9（a）为微波横向馈入杨木试件的一个微波口馈入加热装置图，杨木试件的心材部分位于微波馈入口一侧，边材部分位于远离微波馈入口的一侧。2 号、4 号光纤温度探针用于测量杨木心材区域的温度，1 号、3 号光纤温度探针用于测量杨木边材区域的温度。微波辐射 84s 后，杨木四个温度点的温度分布情况如图 7.9（b）所示，杨木内部的温度也是先上升后趋于平衡，但四个温度点的温度变化情况差别较大，温度分布均匀性比纵向馈入时的均匀性要差很多。其中，处于心材区域的 2 号和 4 号测温点温度上升情况相近，在

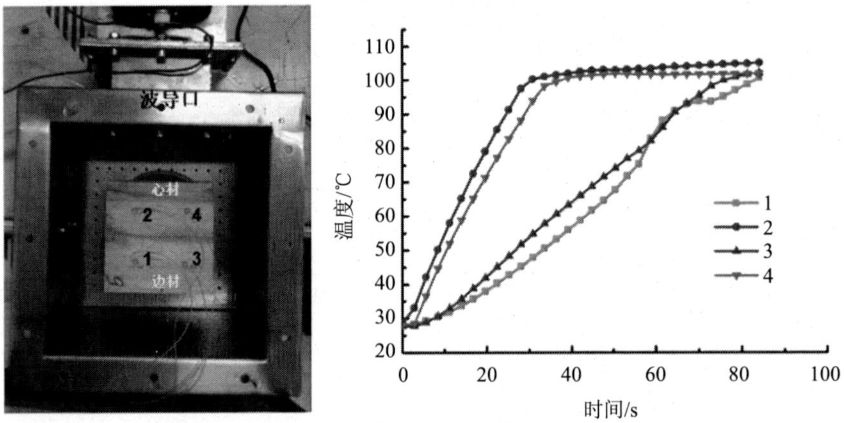

（a）微波沿木材横向馈入装置　（b）杨木心材靠近微波馈入口时横向馈入杨木 4 个测温点温度随辐射时间变化关系

图 7.9　一个微波口横向馈入木材加热装置及杨木温度随辐射时间变化关系

30 s 时就达到恒温点；远离微波馈入口位置的 1 号和 3 号测温点温度上升情况相近，但温度上升要比 2 号和 4 号测温点缓慢，热处理 80 s 后温度才达到 100℃的恒温点。这种温度分布特点是由于杨木属于湿心木材，心材的含水率比边材的要高很多，相对介电参数和损耗因子都较大，微波在进入杨木心材部分时，就被吸收和转化，到达边材的微波相对较少，所以边材部分的温度上升会较为缓慢。

图 7.10（a）为微波沿木材横向馈入时的一个微波口馈入加热装置图，杨木试件的边材靠近微波馈入口放置，心材远离微波馈入口放置。2 号、4 号光纤温度探针用于测量杨木边材区域的温度，1 号、3 号光纤温度探针用于测量杨木心材区域的温度。微波辐射 84 s 后，杨木四个温度点的温度分布情况如图 7.10（b）所示，与图 7.9 横向处理的方式相比，微波横向加热杨木时，将边材置于微波馈入口一侧温度分布均匀性会更好。当木材内部温度超过恒温点 100℃时，1 号点温度持续上升，说明该区域水分蒸发较快。

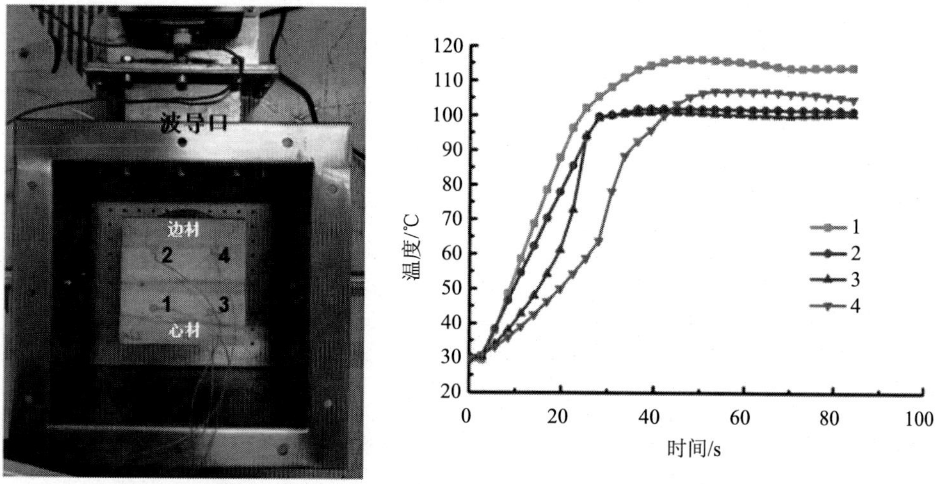

（a）微波沿木材横向馈入装置

（b）杨木边材靠近微波馈入口时横向馈入杨木 4 个测温点温度随辐射时间变化关系

图 7.10 一个微波口横向馈入木材加热装置及杨木温度随辐射时间变化关系

通过上述分析可知，杨木微波干燥时采用纵向馈入的方式，其温度分布的均匀性和利用率最高。横向馈入时，将杨木的边材部分靠近波导口进行干燥处理的方式，其温度分布均匀性会比将心材靠近微波馈入口的效果好。相同实验条件下，同种杨木微波沿不同方向辐射时温度分布均匀性差异显著，说明了木材实质上是各向异性的，各种结构缺陷对木材的介电性质影响极大。

7.2.2　杨木横纵纹理微波干燥前后质量变化情况

表 7.2 为微波沿杨木不同纹理方向热处理杨木时，杨木的质量和含水率变化表。表中 1 号、2 号、3 号木材采用微波纵向馈入的方式进行热处理；4 号、5 号、6 号木材采用微波横向馈入的方式进行热处理，其中 4 号和 5 号杨木的心材部分接近微波馈入口，6 号杨木试件的边材部分靠近微波馈入口。杨木初含水率为 150%，应用微波预处理 140 s 后，发现采用纵向馈入的方式，杨木的质量和含水率减少比横向处理的要快。微波纵向热处理 140 s 后，杨木的质量和含水率下降明显，质量减少了约（26.2±0.4）%，含水率降低了约（67.4±2.3）%。微波横向热处理时，当杨木的心材靠近微波馈入口时，杨木前后质量减少了（21.0±0.1）%，含水率下降了（56.7±0.4）%；而当杨木的边材靠近微波馈入口时，杨木前后质量减少了 24.6%，含水率下降了 59.2%。所以当采用微波对杨木进行热处理时，采用纵向微波馈入的方式会优于横向微波馈入方式，此时杨木含水率会减少得更快。如果要采用横向馈入的方式，则将杨木的边材一侧置于靠近微波馈入口处辐射会得到更好的结果。

表 7.2　实验前后杨木质量变化表

序号	馈入方式	初质量/g（含水率 150%）	辐射 140 s 后质量/g	质量减少/%	含水率减少/%
1	纵向馈入	259.0	192.0	26.2±0.4	67.4±2.3
2		249.3	176.1		
3		260.0	191.3		
4	横向馈入（心材近微波馈入口）	284.5	225.0	21.0±0.1	56.7±0.4
6		293.9	232.0		
5	横向馈入（边材近微波馈入口）	264.7	199.6	24.6	59.2

7.2.3　微波不同处理方式杨木干燥速率对比

高含水率的杨木经微波辐射后，内部的纹孔结构被破坏，加快水分的传输，为木材后期的干燥处理提高了效率，可以有效节约能源。杨木经微波不同方式处理后，内部结构改变的程度是不一样的，所以杨木后期的干燥效果也会不一样。本书将经过微波纵向预处理、横向预处理和未经微波处理的杨木试件分为三个对照组，每组三个样品，所有样品含水率为 70%，再将它们置于恒温干燥箱中，恒温干燥箱温度设定为 100 ℃，每 30 min 测量一次样品的质量，得到的实验数据如表 7.3 所示。

表 7.3　微波不同馈入方式处理后杨木干燥质量变化表（杨木初始含水率 70%）　质量单位：g

序号	微波馈入方式	初质量（含水率 70%）	30 min	60 min	90 min	120 min	150 min	180 min	210 min	240 min
1	纵向	173.6	168.6	164.0	159.4	155.6	152.1	144.5	142.0	139.2
2	纵向	171.9	165.6	160.9	156.8	152.6	149.3	142.0	139.2	136.8
3	纵向	175.5	170.6	166.0	161.7	157.7	154.0	147.2	144.5	141.8
4	横向	194.8	189.9	185.3	181.2	176.5	172.9	164.2	161.5	158.8
5	横向	201.5	196.8	192.4	187.8	183.9	180.3	173.0	170.0	167.2
6	横向	175.5	171.3	167.7	164.0	160.9	157.8	151.7	149.5	147.5
7	未处理	178.5	175.9	173.3	171.1	168.4	166.0	160.3	158.1	156.5
8	未处理	175.5	172.7	169.7	166.9	164.2	161.4	155.9	153.3	151.1
9	未处理	173.9	171.1	167.9	165.0	161.6	158.7	152.0	149.8	147.5

对表 7.3 中数据进行处理分析，得到杨木不同微波处理方式后的干燥速率如图 7.11 所示。经微波不同方式处理的杨木试件，当将其置于 100 ℃恒温箱中烘干时，其含水率随时间的变化情况如图 7.12 所示，随着干燥时间的增长，杨木的含水率呈线性递减，经微波纵向处理的杨木后期烘干时，含水率曲线的斜率为 0.45；经微波横向处理的杨木，后期烘干时含水率曲线斜率为 0.26；未经微波处理的杨木采用直接烘干的方法，其含水率的变化曲线斜率为 0.17。由此可知，经微波预处理过的杨木试件其在后期的烘干过程中，含水率下降速度会比未经微波预处理的试件下降要快，这说明了微波预处理会使杨木内部的纹孔结构发生变化，水分的迁移途径会被打通。微波纵向处理比横向处理时的斜率大，即

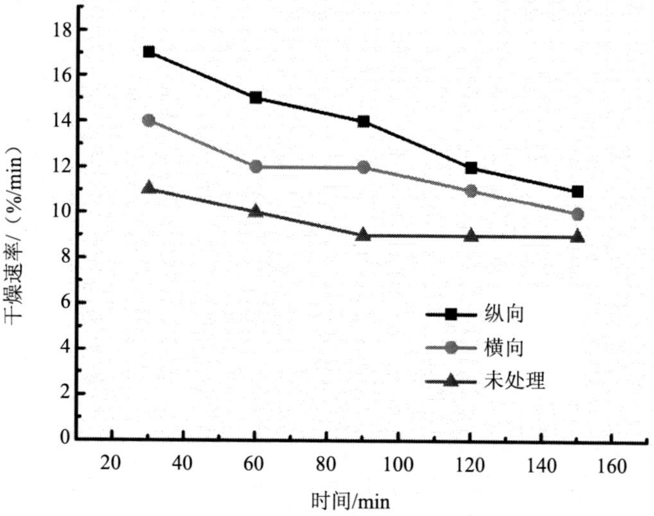

图 7.11　微波不同处理方式杨木干燥速率

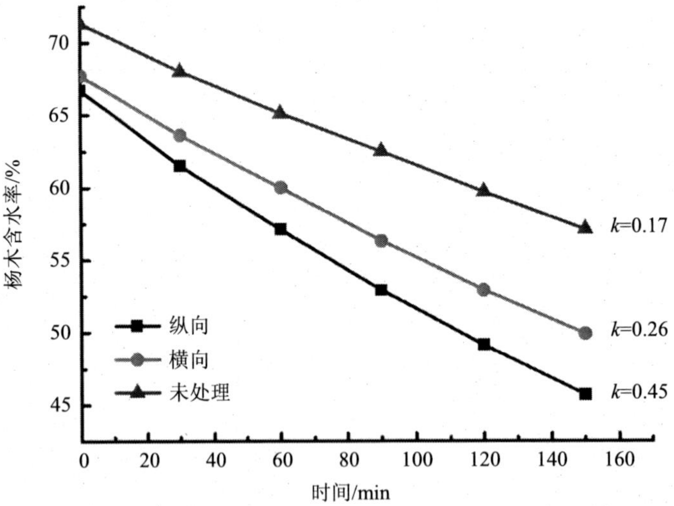

图 7.12 微波不同处理方式杨木含水率变化

后期干燥时含水率下降更快，说明了微波沿木材的不同方向馈入，对木材的纹孔结构破坏程度也是不一样的，纵向馈入更能打通木材内部水分的迁移路径。

木材的干燥速率由式（7.7）确定：

$$失水速率(v)=\frac{处理前含水率(M_{\mathrm{i}})-处理后含水率(M_f)}{处理时间(t)} \tag{7.7}$$

杨木经不同微波方式处理后，将其置于 100℃恒温箱中，其干燥速率如图 7.11 所示。将木材置于恒温箱中，杨木试件的干燥速率会随着时间的增加而降低，后期干燥速率慢慢趋衡。从图 7.11 可知，未经微波处理的杨木，在恒温干燥箱中的干燥速率比较低，为每分钟 9%～11%；经纵向微波处理的杨木其干燥速率最快，为每分钟 11%～17%；经横向微波处理的杨木，其干燥速率比纵向处理的要慢，但是比未处理的要快，为每分钟 10%～14%。所以应用微波对木材进行预处理，可以有效打开木材内部水分的迁移路线，加快水分的传输，并且采用微波纵向馈入的方式处理，能够最大限度地提高后期的干燥速率，有效节约了能源。

7.2.4 微波沿不同纹理方向馈入对杨木开裂情况的影响

图 7.13 是经微波处理后和未经微波处理的杨木，置于 100℃恒温箱中绝干，再置于室温中直到稳定状态（恒温恒湿状态）时开裂情况对比图。图 7.13（a）为经微波纵向处理的杨木，图 7.13（b）为经微波横向处理的杨木，图 7.13（c）为未经微波处理的杨木。从图 7.13 可知，经微波纵向处理的杨木，其稳定性与未经微波处理的杨木稳定性相当，其开裂程度较小，木材的稳定性是比较好的。经微波横向预处理的杨木，其横向的裂纹很多，

宏观的开裂程度较严重，稳定性是最差的。所以用微波对木材进行干燥时，如果追求后期木材的稳定性较好，干燥速率有所提高的话，选纵向干燥较好；如果期望干燥后的木头膨化程度较好，可以选择横向预处理。

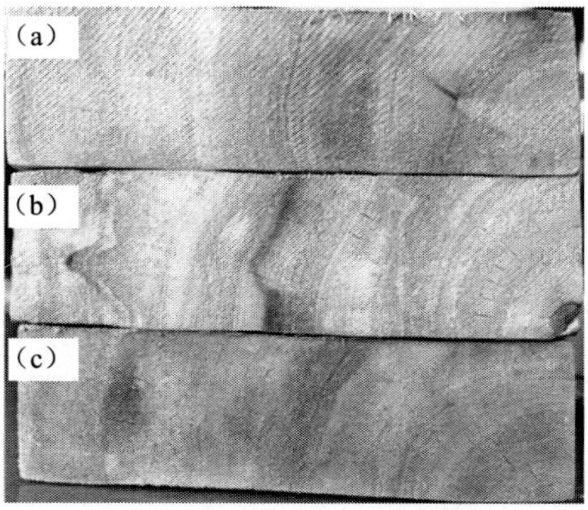

（a）经微波纵向处理的杨木；（b）经微波横向处理的杨木；（c）未经微波处理的杨木

图 7.13　微波不同处理方式杨木开裂对比

参考文献

[1] Cao，J.，Zhao，G. Dielectric Relaxation of Adsorbed Water in Wood Cell Wall under Equilibrium and Non-Equilibrium State. *Forestry studies in chia*，2001，3（1）：71-77.

[2] Ayappa，K. Modelling transport processes during microwave heating：A review. *Reviews in chemical engineering*，1997，13（2）：1-69.

[3] Cao，J.，Zhao，G. Dielectric relaxation based on adsorbed water in wood cell wall under non-equilibrium state Part 3. Desorption. *Holzforschung*，2002，56（6）：655-662.

[4] Daian，G.，Taube，A.，Birnboim，A.，et al. Measuring the dielectric properties of wood at microwave frequencies. *Wood Science and Technology*，2005，39（3）：215-223.

[5] Forrer，J.B.，Funck，J.W. Dielectric properties of defects on wood surfaces. *European Journal of Wood and Wood Products*，1998，56（1）：25-29.

[6] Hollertz，R.，Arwin，H.，Faure，B.，et al. Dielectric properties of lignin and glucomannan as determined by spectroscopic ellipsometry and Lifshitz estimates of non-retarded Hamaker constants. *Cellulose*，2013，20（4）：1639-1648.

[7] Holmes，W.S.，Mukhopadhyay，S.C.，Riley，S.G. *Dielectric Properties of Wood for Improved Internal Imaging*. Springer Berlin Heidelberg，2013.

[8] Ishida，Y.，Yōshino，M.，Takayanagi，M.，et al. Dielectric studies on cellulose fibers. *Journal of Applied Polymer Science*，2010，1（2）：227-235.

[9] James，W.L. Dielectric Properties of Wood and Hardboard：Variation with Temperature，Frequency，Moisture Content，and Grain Orientation，1975.

[10] Kabir，M.F.，Daud，W.M.，Khalid，K.B.，et al. Temperature dependence of the dielectric properties of rubber wood. *Wood and Fiber science*，2007，33（2）：233-238.

[11] Kol，H.S. Thermal and dielectric properties of pine wood in the transverse direction. *Bioresources*，2009，4（4）：1663-1669.

[12] Kröner，K.，Pungs，L. Zur dielektrischen Anisotropie des Naturholzes im großen Frequenzbereich. *Holzforschung*，1952，6（1）：13-16.

[13] Norimoto，M. Dielectric Properties of Wood. *Wood Research Bulletin of the Wood Research Institute*

Kyoto University，1976a，59（3）：106-152.

[14] Norimoto，M. Dielectric properties of wood，1976b.

[15] Peterson，R.W. The dielectric properties of wood. *F.p.l.tech.note.for.prod.lab.can*，1960.

[16] Phadke，S.，Shrivastava，B.D.，Mishra，A.，et al. Dielectric Response of Borassus flabellifier Wood at Different Moisture Content. *Advanced Materials Research*，2012，347-353，1488-1493.

[17] R，O.，M，B.，A，I.，et al. Dielectric properties of wood from 2 to 3 GHz. *Journal of Microwave Power*，2000，35（3）：135-143.

[18] Ramasamy，S.，Moghtaderi，B. Dielectric Properties of Typical Australian Wood-Based Biomass Materials at Microwave Frequency. *Energy & Fuels*，2009，24（8）：1558-1565.

[19] Sahin，H.，Ay，N. Dielectric properties of hardwood species at microwave frequencies. *Journal of Wood Science*，2004，50（4）：375-380.

[20] Sharma，S.K.，Shukla，S.R.，Kamala，B.S. Studies on DC electrical resistivity of plantation grown timbers. *European Journal of Wood and Wood Products*，1997，55（6）：391-394.

[21] Skaar，C. 1988. *Electrical Properties of Wood*. Springer Berlin Heidelberg.

[22] Sugiyama，M.，Norimoto，M. Dielectric properties of chemically treated wood. *Journal of Materials Science*，2003，38（22）：4551-4556.

[23] Torgovnikov，G.I. *Dielectric Properties of Wood and Wood-Based Materials*. Springer Berlin Heidelberg，1993.

[24] Wang，W.，Zhu，Y.，Cao，J.，et al. Monitoring electrical properties of thermally modified wood as a possible tool for quality assessment. *Holzforschung*，2015，70（4）：351-359.

[25] Zhang，J.，Luo，Y.，Liao，C.，et al. Theoretical investigation of temperature distribution uniformity in wood during microwave drying in three-port feeding circular resonant cavity. *Drying Technology*，2016a，35（4）：409-416.

[26] Zhang，J.，Luo，Y.，Liao，C.，et al. Theoretical investigation of temperature distribution uniformity in wood during microwave drying in three-port feeding circular resonant cavity. *Drying Technology*，2016b.

[27] Zhou，B.，Avramidis，S. On the loss factor of wood during radio frequency heating. *Wood science and technology*，1999，33（4）：299-310.

[28] 白同仁，陈森，曾其蕴. 马尾松木材介电性质的测试. 木材工业，1987（4）：3-7.

[29] 曹金珍. 吸着·解吸过程中水分与木材之间的相互作用. 北京：北京林业大学，2001.

[30] 曹绿菊，刘自强，刘一星，等. 木材介电系数的研究. 东北林业大学学报，1986a.

[31] 曹绿菊，刘自强，刘一星，等. 木材介电系数的研究. 东北林业大学学报，1986b（3）.

[32] 陈森. 高频对 8 种泡桐木材介电性质的影响. 木材工业，1989（2）：34-37.

[33] 刁秀明，孙品. 木材电学性质与电测含水率计的使用. 木材加工机械，1993（3）：18-20.

[34] 顾锡爵，周曼. 微波频率下木材介电常数和损耗的测量. 南京林业大学学报（自然科学版），1987（3）.

[35] 季亚春，季亚坤. 木材介电常数的测量. 信息技术，1997（5）：24-28.

[36] 江泽慧，姜笑梅. 木材结构与其品质特性的相关性. 北京：北京科学出版社，2008.

[37] 李坚. 木材科学. 北京：科学出版社，2014.

[38] 李先泽. 射频下木材的介电性质. 林业科学，1964，9（3）：233-245.

[39] 李贤军. 木材微波-真空干燥特性的研究，北京：北京林业大学，2005.

[40] 李贤军，孙伟圣，周涛，等. 微波处理中木材内温度分布的数学模拟. 林业科学，2012，48（3）：117-121.

[41] 李贤军，张璧光，牟群英. 微波加热及木材微波干燥的应用. 第九次全国木材干燥学术讨论会，2003.

[42] 罗勇锋，李羲，李贤军，等. 木材微波预处理圆柱形谐振腔理论模拟与设计. 林业科学，2014，50（3）：117-122.

[43] 马双忱，姚娟娟，金鑫，等. 微波化学中微波的热与非热效应研究进展. 化学通报，2011，74（1）：41-46.

[44] 牟群英，李贤军，盛忠志. 木材微波加热厚度的确定. 中南林业科技大学学报，2006，26（1）：100-102.

[45] 阮锡根，余观夏. 木材物理学. 北京：中国林业出版社，2005.

[46] 王佩. 木材及胶合板介电特性研究，南京：南京林业大学，2015.

[47] 王佩，黄思维，张芮，等. 杨木不同纹理方向介电特性初步探究. 林业工程学报，2015a，29（2）：99-101.

[48] 王佩，黄思维，张芮，等. 杨木不同纹理方向介电特性初步探究. 林业工程学报：林业科技开发，2015b，29（2）：99-101.

[49] 王佩，周定国. 木材及其复合材料介电特性. 木材加工机械，2015，26（3）：56-59.

[50] 张兆镗. 微波加热技术基础. 北京：电子工业出版社，1988.

[51] 赵广杰，则元京. 相变过程中木材自由水的介电驰豫. 东北林业大学学报，1991：95-100.

[52] 周曼. 关于木材介电性质的研究. 江苏林业科技，1996（3）：62-64.